U0231678

深化建筑施工安全标准化研究

苏义坤　等著

中国计划出版社

图书在版编目（CIP）数据

深化建筑施工安全标准化研究 / 苏义坤等著 .—北京 : 中国
计划出版社 , 2015.5
ISBN 978-7-5182-0143-3

Ⅰ.①深… Ⅱ.①苏… Ⅲ.①建筑工程—工程施工—
安全标准—研究 Ⅳ.① TU714-65

中国版本图书馆 CIP 数据核字 (2015) 第 086285 号

深化建筑施工安全标准化研究

苏义坤 等著

中国计划出版社出版

网址：www.jhpress.com

地址：北京市西城区木樨地北里甲 11 号国宏大厦 C 座 3 层

邮政编码：100038 电话：（010）63906433（发行部）

新华书店北京发行所发行

北京市科星印刷有限责任公司印刷

787mm×1092mm 1/16 11.5 印张 255 千字

2015 年 5 月第 1 版 2015 年 5 月第 1 次印刷

印数 1-3000 册

ISBN 978-7-5182-0143-3

定价：35.00 元

前言

　　近年来，建筑施工企业伤亡事故时有发生，安全生产问题引起了全社会的共同重视，建筑业的特点决定其施工过程是危险性大、突发性强、容易发生伤亡事故的生产过程，必须加强施工过程的安全管理与安全技术措施，从而实现建筑施工安全标准化建设。国际上安全生产管理水平和安全科技水平提高迅速，但我国的安全生产状况与工业发达国家相比尚存在一定差距，安全生产形势依然严峻。目前，我国建筑市场存在较大问题，市场混乱，施工、监理队伍整体素质不高，施工安全应对措施不完善且缺乏先进的管理技术和信息技术等。改善建筑施工安全问题的管理对策主要包括：建立健全建筑施工安全管理体系，将不同的安全职能组织成有机整体；建筑施工单位和企业职工的安全教育及培训与我国建筑施工安全状况密切相关，以此为契机，通过推广相关安全文化，实现安全生产的良性循环。另外，先进的管理技术和信息技术，如虚拟现实技术、安全管理信息系统、安全状况模糊评价、基于神经网络的建筑施工安全等级评价等，能够大大减少安全事故的发生概率，最终目标是实现建筑施工安全标准化建设。

　　本书共分为现状论述、基本理论和体系构建三篇。

　　现状论述篇分析了建筑施工安全标准化建设的背景和意义，提出了标准化建设的目标，确定了课题研究的总体思路和研究方法。重点总结了国内外建筑施工安全标准化建设的现状和成果，包括建筑安全法律、法规和规范体系，以及国内外标准化建设试点地区的经验与成果，并且比较了国内外建筑施工安全标准化工作管理模式的异同，从而确定了我国建筑施工安全标准化建设的方向。同时，总结分析了国内外典型建筑施工安全事故的原因及在建设项目全寿命周期内的发生频率，从而对有效规避安全事故的发生具有一定的借鉴意义。

基本理论篇作为课题研究的理论基础，分别阐述了事故预防理论、本质安全理论、戴明管理理论以及可靠性工程理论，为下篇建筑施工安全标准化建设方案设计奠定重要的理论依据。其中，事故预防理论明确了事故发生的原因链，安全本质化理论提出了安全标准化建设过程中对人员、设施设备、作业环境和管理的高度重视，戴明管理理论强调了施工安全标准化管理的循环过程和预防机制，可靠性工程理论则强化了管理人员对于施工现场各环节、各基本事件的可靠性分析，基于此，下篇构建了基于本质安全的安全管理 PDCA 循环模式设计方案。

体系构建篇作为课题研究的核心，提出了建筑施工安全标准化建设方案的初步设想，阐述了方案设计的基本程序、原则以及安全生产的特点，同时论证了精细化管理方法应用于建筑施工安全标准化工作的可行性。其中建筑施工安全标准化建设工作的重点包括对人员素质、设施设备、环境管理和安全管理标准化四方面内容，在这几个方面分别给出了建设方案和实施的具体方法。同时，以建筑工程安全标准化建设的设计方案为基础，将基于本质安全的 PDCA 循环模式应用于具体建设项目中，并给出其安全管理水平评价。最终形成开展建筑施工安全标准化工作的要点和策略，对促进建筑施工安全标准化建设的设计方案在施工现场的推广和普及具有一定意义。

本书由东北林业大学苏义坤教授组织编写并负责统筹定稿。全书共分三篇 18 章，参加写作的分别是苏义坤（第一篇的 1、2 章，第三篇的 1、6 章），杨世静（第一篇的 3～6 章和第二篇的 1～6 章），李秀民（第三篇的 2～5 章和附录）。

本书在编写过程中，参阅了大量专业资料、著作和论文，在此谨向这些论著的作者表示深深的谢意。同时，本书的完成来源于我们承担的住房城乡建设部课题"深化建筑施工安全标准化研究"的相关总结和十二五科技支撑计划研究任务"村镇建设标准体系实施绩效评价技术研究"的部分总结，在此对相关研究人员表示感谢。由于作者水平有限，难免存在不少错误之处，敬请读者能够提出宝贵意见，予以赐教指正。

编者
2015 年 1 月

目 录

第一篇

现状论述篇

1 建筑施工安全标准化建设概述

1.1 建筑施工安全标准化建设的背景

2004年1月9日，国务院下发《关于进一步加强安全生产工作的决定》（国发〔2004〕2号）（以下简称"《决定》"）提出："开展安全标准化活动。制定和颁布重点行业、领域安全生产技术规范和安全生产工作标准,在全国所有工矿、商贸、交通运输、建筑施工等企业普遍开展安全标准化活动。企业生产流程的各环节、各岗位要建立严格的安全生产责任制。生产经营活动和行为, 必须符合安全生产有关法律法规和安全生产技术规范的要求, 做到规范化和标准化"。为贯彻落实《决定》, 实现建筑施工安全的标准化、规范化, 促使建筑施工企业建立起自我约束、持续改进的安全生产长效机制, 推动我国建筑安全生产状况的根本好转, 2005年8月, 住房城乡建设部在青岛组织召开了建筑施工安全标准化管理现场会, 对建筑施工安全标准化工作提出要求。2005年12月, 住房城乡建设部制定下发了《关于开展建筑施工安全标准化工作的指导意见》, 全面部署了建筑施工安全标准化工作, 明确了指导思想, 确定了工作目标, 提出了具体措施。2007年, 住房城乡建设部对上海市建筑施工安全标准化工作进行了专题调研, 系统总结了上海的经验, 形成报告并印发各地学习, 有力推动了建筑施工安全标准化工作的开展。

截至2009年底, 全国共创建省级建筑施工安全标准化示范工地2.4万多个, 建筑施工安全标准化工作既提高了各地住房城乡建设主管部门的安全监管水平, 也推动了建筑施工企业安全生产的发展。同时, 近几年不断完善的安全生产法规制度建设和强化安全生产监督检查力度, 也有力地促进了全国建筑安全生产形势的持续稳定好转, 全国房屋建筑与市政工程施工安全事故起数、死亡人数等都大幅下降。

2009年11月13日, 住房城乡建设部在浙江宁波组织召开全国建筑施工安全标准化现场会, 总结推广了各地开展建筑施工安全标准化好的做法和经验。住房城乡建设部副部长郭允冲对我国多年来的建筑施工安全标准化给予肯定, 并提出标准化建设目标和发展措施。

1.2 建筑施工安全标准化建设的意义

一是以科学发展观统领安全生产工作, 坚持"安全第一、预防为主"方针的具体体现。科学发展观要求建设行业全面协调可持续发展, 高度重视和抓好安全生产工作, 是工程建设永恒的主题, 是建设系统落实科学发展观、实现经济社会更快更好发展、构建和谐社会等历史性任务的重要举措。开展建筑施工安全标准化工作研究, 是为了更好地落实科学发展观, 更好地坚持"安全第一、预防为主"方针的具体体现。

二是我国全面建设小康社会、改善民生的客观要求。建筑施工安全问题，涉及几千万从业者的人身安全和家庭幸福。深化建筑施工安全标准化工作研究，对于逐步规范和提高企业市场行为、安全管理流程、场容场貌和施工现场安全防护等各个环节的安全生产和管理问题，进而有效改善建筑施工从业者的安全生产环境，降低安全事故发生概率，避免人身伤亡等损害的发生，具有重要意义。

三是规范企业安全生产行为，落实企业安全主体责任，全面实现建筑施工企业及施工现场的安全生产工作标准化的迫切需求。深化建筑施工安全标准化过程中，建筑施工企业是最主要和最直接的责任主体，必须严格按照要求加强管理，认真落实各项标准规范。企业法定代表人是企业安全生产的第一责任人，也是做好安全标准化的第一责任人，要按照法律、法规规定，组织建立健全企业内部安全生产管理、企业规程、施工现场安全生产过程控制等责任制，将每个岗位的安全生产行为都纳入法律化、制度化、标准化管理轨道。

四是建立安全生产长效机制提供参考和依据。推进安全标准化工作，是安全生产工作中带有基础性、长期性、前瞻性、根本性的工作，是提高企业安全素质的一项基础建设工程，是落实企业主体责任、建立安全生产长效机制的根本途径。无论是当前还是今后，开展安全标准化工作对企业和全社会来说，都有着十分重要的意义。

建筑施工安全标准化工作是一项长期的工作，应在不断总结和提高的基础上，深化安全标准化工作，逐步提高我国建筑施工行业安全管理水平，提高施工企业安全管理能力。因此，开展深化建筑施工安全标准化工作研究，符合当前我国建筑施工安全管理的发展方向，为我国建筑施工安全标准化建设目标的实现提供理论依据和参考。

1.3　建筑施工安全标准化建设的目标

住房城乡建设部在 2005 年 12 月下发的《关于开展建筑施工安全标准化工作的指导意见》中明确提出我国建筑施工安全标准化建设的工作目标为：通过在建筑施工企业及其施工现场推行标准化管理，实现企业市场行为的规范化、安全管理流程的程序化、场容场貌的秩序化和施工现场安全防护的标准化，促进企业建立运转有效的自我保障体系。

实施安全标准化建设，住房城乡建设部要求各级住房城乡建设主管部门以对企业和施工现场的综合评价为基本手段，规范企业安全生产行为，落实企业安全主体责任，统筹规划、分步实施、树立典型、以点带面，全面实现建筑施工企业及施工现场的安全生产工作标准化。建筑施工企业的安全标准化建设按照《施工企业安全生产评价标准》JGJ/T 77—2003 及有关规定进行评定，建筑施工企业的施工现场按照《建筑施工安全检查标准》JGJ 59—99 及有关规定进行评定。

安全标准化建设的目标实施分为 2006—2008 年和 2009—2010 年两个阶段。即到 2008 年底，建筑施工企业的安全生产工作全部达到"基本合格"，特、一级企业的"合格"率达到 100%，二级企业的"合格"率达到 70% 以上，三级企业及其他施工企业的"合格"率达到 50% 以上；而建筑施工企业的施工现场全部达到"合格"，特级企业施工现场的"优良"率达到90%，一级企业施工现场的"优良"率达到70%，二级企业施工现场的"优良"率达到50%，三级企业及其他各类企业施工现场的"优良"率达到30%。到2010年底，建筑施工企业的"合格"率达到100%；特级、一级企业施工现场的"优良"率达到100%；二级企业施工现场的"优良"率达到80%；三级企业及其他施工企业施工现场的"优良"率达到60%。

1.4 主要内容框架

《中华人民共和国安全生产法》于2002年11月1日起正式实施。为配合这部法律的贯彻落实，国务院于2003年11月12日针对建设行业颁布了《建设工程安全生产管理条例》（以下简称《安全条例》），并于2004年2月1日起正式实施。同时，根据《国务院关于进一步加强安全生产工作的决定》（国发〔2004〕2号）提出的"在全国所有建筑施工企业普遍开展安全标准化活动"，原建设部于2005年出台了《关于开展建筑施工安全标准化工作的指导意见》。各地因此相继开展了建筑施工安全标准化工作，并在实施过程中不断总结和探索，出台了一系列新举措、新方法，推动了安全标准化工作的顺利进行。但是，目前部分地区对于安全标准化还存在着理解不透、掌握不深、不知如何开展的问题。部分施工人员认为，目前建筑行业已有各项技术标准规范，各项安全管理制度基本健全，监管工作也基本到位，而且，各地开展文明工地活动已有多年，现在开展安全标准化工作与现有的安全管理工作雷同，属于重复劳动，没有太大的现实意义，因而态度不积极。分析其原因主要是对安全标准化工作的理解只停留在以往的观念中，没有深入理解和分析安全标准化的真正内涵。基于此，为深入贯彻落实建筑施工安全标准化工作，确定全寿命周期安全标准化的实施方案，提出对建筑施工安全实行专业化、标准化和监督化的管理。

本书总结了国内外建筑施工安全标准化现状和成果，分析了国内外典型的建筑施工安全事故，确定了我国建筑施工安全标准化工作的发展方向，结合建筑施工安全标准化的基本理论，提出了建筑施工安全标准化建设的方法、方案设计、工作开展的要点和策略。因此，加快建筑施工安全标准化建设工作的进程，对建筑施工安全水平的整体改善和提高具有重要的现实意义。

以现状论述篇和基本理论篇为基础，体系构建篇中提出对建筑施工安全标准化建设设计方案的构想，确定建筑施工安全标准化建设设计方案的基本程序和原则，分析建筑施工安全生产的特点，并且论证精细化管理方法应用于建筑施工安全标准化工作的可行性。以此为出发点，确定建筑施工安全标准化建设的设计方案，包括人员素质标准化建设方案、设备设施标准化建设方案、作业条件标准化建设方案、安全管理标准化建设方案、建筑施工安全标准化建设方案及实施任务分解，从而提出开展建筑施工安全标准化工作的要点和策略。

逻辑框架和研究内容框架如图1-1和图1-2所示。

1.5 课题研究的方法

本课题的总体研究思路如图1-3所示。

1.5.1 调研问卷

　　为了解建筑施工安全标准化的实施现状，课题组制作了相应的调研问卷，详见附件"深化建筑施工安全标准化工作研究课题调查问卷表"。

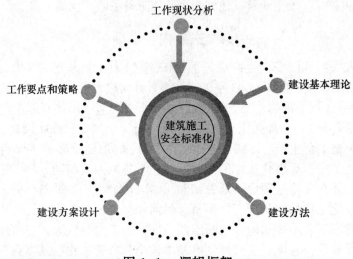

图 1-1　逻辑框架

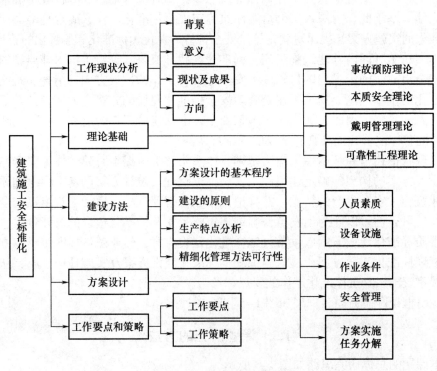

图 1-2　研究内容框架

1.5.2　调研会议

课题组同黑龙江省建工集团、龙建路桥股份有限公司、长城集团、大庆油田工程建设（集团）有限责任公司、黑龙江东辉建筑工程公司、锦宸集团等进行调研和讨论，了解很多宝贵信息，吸收并且融入课题的研究成果。

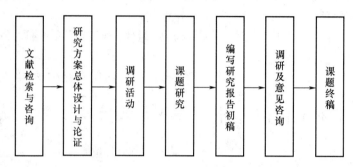

图 1-3　课题的总体研究思路

1.5.3　汇报会议

2010 年 5 月 20 日，由黑龙江省建设安全监督管理总站闫琪站长带领的《深化建筑施工安全标准化工作研究》课题调研组一行 5 人，对大庆油田工程建设公司等单位安全标准化的实施情况进行了专题调研。调研组先后走访了上海、深圳和天津，通过召开座谈会的形式，听取当地建设安全监督管理总站、施工单位代表的情况介绍。了解当地建设安全形式及建筑施工安全标准化体系建设现状，并同各施工单位代表就其在实现安全标准化方面的工作思路、具体做法和进展状况进行了座谈，详见附件"深化建筑施工安全标准化建设经验调研报告"。

1.5.4　文献研究

课题研究参阅了大量文献，包括有关建筑安全管理的书籍和我国现行法规体系中对实现建筑单位安全标准化的法律、法规和规范。

1.5.5　案例研究

在研究的过程中，通过阅读建设部提供的建筑施工安全事故案例，深刻认识了现阶段我国施工单位安全管理的主要问题。

（1）2010 年 1 月 3 日 14 时，云南省昆明新机场配套引桥工程发生一起坍塌事故，7 人死亡，8 人重伤。

（2）2010 年 3 月 4 日 10 时，广东省黄埔花园商业、住宅楼 2 幢（自编 F1-F2 栋）、住宅楼 3 幢（自编 G1-G3 栋）发生一起高处坠落事故，1 人死亡。

（3）2010 年 4 月 18 日 0 时，北京市大兴区康庄限价房（二期）1# 楼发生一起物体打击事故，1 人死亡。

（4）2010 年 5 月 12 日 17 时，江苏省溧水东城世家 36# 楼发生一起起重伤害事故，1 人死亡。

（5）2010年6月11日0时，北京市雾灵山庄网球训练中心工程发生一起坍塌事故，1人死亡，4人重伤。

（6）2010年7月2日0时，上海市星河湾花园发生一起机具伤害事故，1人死亡。

（7）2010年8月8日8时，甘肃省兰州理工大学技术工程学院室外及综合管网工程第三标段发生一起坍塌事故，1人死亡。

（8）2010年9月1日17时，安徽省嘉宜时代广场工程（一期）发生一起触电事故，1人死亡。

（9）2010年10月24日15时，辽宁省辽阳市河东高级中学1#教学楼发生一起高处坠落事故，1人死亡。

（10）2011年3月11日11时，海南省南海家园发生一起高处坠楼事故，1人死亡。

2 建筑施工安全标准化工作的现状

2.1 国内建筑施工安全标准化工作的现状

2.1.1 国内建筑施工安全标准化工作取得的成果

"十一五"期间,全国各级住房城乡建设部门按照党中央、国务院的决策部署,牢固树立安全发展理念,切实履行安全监管责任,深入推进企业责任落实,有力地促进了全国建筑安全生产形势的持续稳定好转。

主要表现在以下几个方面:一是事故总量明显下降。2010 年全国共发生房屋市政工程事故 627 起,比 2005 年减少 388 起,下降 38.23%。二是事故死亡人数明显下降。2005 年房屋市政工程事故死亡 1193 人,此后每年不断减少,2008 年降到 1000 人以下,2009 年降到 900 人以下,2010 年又降到 800 人以下,2010 年比 2005 年下降 35.29%。三是较大及以上事故明显下降。2010 年房屋市政工程较大及以上事故起数和死亡人数分别是 29 起、125 人,比 2005 年分别下降 32.56% 和 26.47%。"十一五"期间,全国房屋市政工程没有发生特大生产安全事故。四是百亿元建筑业增加值死亡人数明显下降。"十一五"期间,建筑业生产规模持续扩大,预计 2010 年增加值比 2005 年增长 71.11%。百亿元建筑业增加值死亡人数相对指标的大幅度下降,更充分说明了安全生产工作取得的成绩。五是部分地区安全生产状况明显好转。2010 年比 2005 年相比,全国房屋和市政工程安全事故起数下降 38.23%,下降 50% 以上的有北京、河北、辽宁、黑龙江、福建、河南、广东、贵州、甘肃 9 个省;2010 年与 2005 年相比,死亡人数全国下降了 32.59%,下降 50% 以上的有北京、河北、辽宁、黑龙江、河南、四川、甘肃 7 个省;有些地区安全生产形势一直相对较好,百亿元建筑业增加值死亡人数一直只有全国平均水平的一半左右,如 2009 年全国百亿元建筑业增加值死亡人数为 3.58 人,山东只有 1.25 人,河南只有 1.35 人,山西只有 1.90 人,辽宁只有 1.94 人。

以上数据充分说明,"十一五"期间全国房屋市政工程安全生产取得了很好的成绩,全国住房城乡建设系统(包括企业)的广大干部职工在建筑安全生产方面做了大量艰苦且富有成效的工作。回顾五年来的工作,主要在以下几个方面取得了比较大的进展:

一是加强法规建设,建筑安全生产法规体系不断完善。"十一五"期间,建筑安全生产的法律法规在原有的基础上,得到了进一步完善,技术标准规范也不断健全。现施行的已有 2 部法律、5 部行政法规、4 个部门规章以及 20 多个规范性文件,有 2 部国家标准和 12 部行业标准。各地结合本地实际,加强地方法规建设和标准制定,如陕西省修订完善了《陕西省建设工程质量和安全生产管理条例》等。

二是创新工作机制,建筑安全生产管理制度得到强化。"十一五"期间,我们建立并完善了安全生产责任、企业安全生产许可证、"三类人员"任职考核等 10 余项基本的安全管理制度，有效支撑了建筑安全生产工作。各地不断创新工作机制，如湖南省印发了《建设工程施工项目部和现场监理部关键岗位人员配备标准及管理办法》，安徽省对施工现场采取包括暗查暗访在内的多种检查形式，重庆、广东等地也积极创新，不断推动建筑安全生产工作。

三是强化安全监管，安全监督执法检查工作有效开展。"十一五"期间，组织开展了"严厉打击建筑施工非法违法行为"、"建筑安全专项治理"、"建筑安全隐患排查"等多项专项安全检查。仅在2010年"打非"专项行动中，全国各地共开展执法行动21166项，检查在建工程项目43441个，查处非法违法建筑施工行为4101起。各地都注重加强安全监督检查工作，如北京市2010年全年检查工地52427个，河南省2010年共检查建筑施工企业4128家、工程项目16166项，排除了大量的安全隐患。

四是注重样板引路，施工安全标准化工作持续推进。2009年底，在浙江宁波召开了全国建筑施工安全标准化现场会，对施工安全标准化工作进行了阶段性总结。据统计，"十一五"期间全国累计创建省级建筑施工安全标准化示范工地32000多个。各地大力推动建筑施工安全标准化工作，如黑龙江、浙江、陕西等地不断完善安全标准化的管理措施，福建省组织编印了《建筑施工安全文明标准示范图集》。施工安全标准化工作的开展，有力促进了建筑施工企业安全生产水平的提高。

2.1.2 国内建筑施工安全标准化工作存在的问题

肯定成绩的同时，也要清醒认识到，当前建筑安全生产工作仍然存在不少问题，安全生产形势依然比较严峻。主要反映在以下几个方面：

一是事故总量仍然比较大。"十一五"时期，虽然每年事故起数和死亡人数都在下降，但事故总量仍然比较大。2010年共发生事故627起、死亡772人。

二是较大及以上事故仍然较多。"十一五"期间，全国较大及以上事故年均发生33.2起、死亡138.6人。尤其是2010年较大及以上事故出现反弹，起数和死亡人数比2009年分别上升了38.10%和37.36%。2010年发生两起以上较大事故的地区有江苏（4起）、四川（4起）、辽宁（3起）、北京（2起）、河北（2起）、内蒙古（2起）、吉林（2起）、广东（2起）、贵州（2起）。"十一五"时期还发生了6起重大事故，分别是2010年8月16日吉林梅河口事故，死亡11人；2008年12月27日湖南长沙事故，死亡18人；2008年11月15日杭州地铁事故，死亡21人；2008年10月30日福建霞浦事故，死亡12人；2007年11月14日江苏无锡事故，死亡11人；2007年6月21日辽宁本溪事故，死亡10人。

三是各地安全工作不平衡。2010年与2005年相比，全国事故起数下降38.23%，其中有9个省下降50%以上，但部分地方仍然上升，如山西上升225%、内蒙古上升71%、天津上升40%、海南上升25%、吉林上升22%；2010年与2005年相比，全国事故死亡人数下降35.29%，其中有7个省下降50%以上，但部分地方仍然上升，如山西上升260%、吉林上升100%、内蒙古上升56%、海南上升25%、江西上升12%。从相对数百亿元建筑业增加值死亡人数看，部分地方远远高于全国水平，甚至是2倍以上，有的达到3倍，如2009年全国百亿元建筑业增加值死亡 3.58 人，而青海达到 15.24 人、贵州达到 12.95 人、海南达到 8.40 人、上海达到 8.09 人、云南达到 7.89 人。

四是建筑市场活动中的不规范行为仍然比较多。从招投标环节看，既有建设单位规避招标，肢解工程、化整为零，或者直接指定施工单位等违法违规行为；又有投标单位弄虚作假、骗取中标、围标、串标、阴阳合同，低价中标、高价结算等违法违规行为；还有招投标代理机构"中介不中"，与招标、投标单位合谋围标、串标等违法违规行为。从承发包环节看，还存在转包、违法分包等违法违规行为。从企业经营管理看，由于建筑市场过度竞争，或者业主的明示、暗示，企业恶意压价，压缩合理工期、降低标准；如有的勘察设计单位不按规范标准勘察设计，勘察设计深度不够；有的施工单位不按强制性标准施工，甚至偷工减料、以次充好；有的监理、监测单位不按标准规范监理、监测，发现问题不及时纠正、不报告、不反映。从企业资质、注册人员资格管理看，有的弄虚作假，有的出借、出租，有的资质挂靠，有的隐瞒不良行为、隐瞒质量安全事故。以上这些大量的违法违规行为，给安全生产埋下了大量的隐患，带来了极大的危害。并且，从大量发生的事故调查说明，其中都存在违法违规行为，如去年上海"11.15"火灾、吉林梅河口事故都是如此。因此，必须下决心、下功夫整顿规范建筑市场，必须严厉打击各种违法违规行为。

五是建筑市场的监管不到位。归纳为"三多三少"，即法律法规制度建设相对比较多，执法监督检查相对比较少；市场准入管理相对比较多，市场清出管理相对比较少；企业资质和个人资格审批管理相对比较多，审批后的后续管理、企业和执业人员的动态管理相对比较少。大量的违法违规行为没有得到查处，严重扰乱了建筑市场。

六是事故查处不到位。虽然这方面已经做了一些工作，但对照法律法规还远远不够。每年几百起的生产安全事故，查处了多少责任单位和责任人，值得反思。根据对各地事故查处情况的统计，在已作的处罚中，经济处罚方式较多，对企业资质和人员资格的处罚很少，2009 年分别只占处罚总数的 5.03% 和 8.68%。按照处罚权限，涉及特级、一级施工企业及甲级监理企业的资质和一级建造师及监理工程师资格的，应由地方向住房城乡建设部提出处罚建议，然后由其进行处罚，但实际上各地上报要求部里处罚的非常少，甚至可以说少得可怜。以 2009 年为例，全国共发生了 21 起较大事故，但各地上报要求部里处罚的只有 3 起事故，降低企业资质只有 1 家，吊销建造师证书只有 2 人，吊销监理工程师证书只有 2 人。2010 年，到目前为止，住房城乡建设部只收到 1 起地方（即北京）要求对责任企业和责任人进行处罚的建议，这起事故属于一般事故，并非较大事故。2010 年全国共发生了 29 起较大及以上事故，其中施工企业有 20 家是特级或一级企业，监理企业有 24 家是甲级企业，而到目前为止，各地还没有报送一起要求住房城乡建设部进行处罚的建议。以上情况充分说明，监管和处罚还很不到位。

对于上述问题，各级住房城乡建设部门一定要引起高度重视，认真反思、认真研究，采取切实有效的措施，真正将建筑安全生产工作抓好。

2.2 国外建筑施工安全标准化工作的现状

2.2.1 英国

1. 法律、法规的强制性

英国政府涉及健康、安全方面的法律、法规有350多种，在法律上强制规定了健康、安全监督人员的职责、责任，以及建设工程各参与方的安全责任。

2. 组织机构的完整性

英国政府成立了国家健康安全委员会，负责审查各行各业职工健康、人身安全。与之相配套，英国还有很多遍布各行业的健康安全协会，受政府委托，从事健康安全监督检查。

3. 职责、责权的明确性

英国的法规明确规定了健康安全监督工程师的职责和责权：有权收集现场健康、安全信息；有权在现场进行监督检查；有权在现场拍照、取证、取样品；有权检查现场机械设备；有权颁布健康、安全操作指南的书籍和光盘。

4. 监督方式的多样性

英国的健康安全监督工程师根据现场检查情况和存在问题的严重程度，可采取灵活多样的工作方式，要求责任单位整改。一是由健康安全监督工程师签发存在问题通知；二是由健康安全监督工程师签发书面停工通知；三是由健康安全监督工程师向法院起诉。对健康安全监督工程师签发的书面通知，建筑施工企业必须作出书面答复，并通知落实到责任人整改。

5. 个人资格的实用性

英国对健康安全监督工程师资格强调实用性，注重丰富的工作经验，能发现过程中的安全隐患，提出预防控制措施，从而减少安全风险。

2.2.2 美国

1. 广泛明确的法律责任

美国的法律规定建设单位必须为施工现场作业人员提供不会对其造成死亡或严重生理伤害危险的工作和工作场所。为避免法律纠纷，建设单位选择承包商时，一般将良好的安全施工记录列为承包商取得投标资格的必备条件之一，建设单位还将参与施工阶段的安全管理。

2. 运用市场经济杠杆对建筑施工安全问题进行有效调节

按照美国法律规定，进行工程项目建设前，建设单位和承包商必须办理有关强制性保险（Forced Insurance），承包商若具有良好的安全业绩和信誉，保费低廉，施工利润较高；反之保费高昂，导致施工成本亏损，甚至出现保险公司拒保，承包商则无法得到主体施工资格。在这种市场经济杠杆作用下，不仅承包商的安全意识增强，保险公司也对施工安全极为重视，积极参与施工安全管理，从而增加了安全管理的力度，有利于政府从繁重的安全管理具体事务中解脱出来。美国政府对市场经济规律的巧妙运用使得承包商意识到，建立良好的施工安全业绩不仅能节约安全投保费用，而且减少了工作损失时间，提高了作业人员的生产率，降低了诉讼费用，从而显著降低了总施工成本费用。甚至在美国建筑界自发广泛地掀起了一股以追求"零伤害"（Zero Injury）为目标的安全施工管理潮流，取得了令人瞩目的成绩。

3. 比较客观完备的安全量化指标

为客观准确地评价建筑施工企业的安全业绩，美国劳工部成立了职业安全与健康局 OSHA（Occupational Safety and Health Administration），负责管理、记录有关安全与健康问题的事件，并科学地设立了一系列安全量化评估指标，供政府有关部门、建设单位、保险公司、科研机构评价施工企业安全业绩和进行安全科学研究使用。这些指标主要包括：经验调整系数（Experience Modification Rate）、伤害事故率（Recordable Incident Rate）、损失时间事故率（Lost Time Incident Rate）、劳工索赔率（Workers Compensation Claims Frequency）等。指标从不同侧面较为科学地反映出企业的安全状况，为比较企业间的安全状况提供了量化依据，因此被誉为建筑施工企业的安全指示器。

4. 比较完善的建筑安全信息化建设

美国已经建立了一套关于安全事故记录、维护、检查和处罚的完备规章制度，有力保障了各相关方对建筑业安全信息的了解。

5. 严厉的安全检查执法

美国政府的安全检查一般是抽查，由检察官员对施工现场进行检查，任何阻止、反对、妨碍以及干涉检察官员工作，将处以 5000 美元的罚款以及 3 年以下的监禁；检察官院检查前一般不得通知建设单位，不能泄漏检查的消息，否则将对检察官处以 1000 美元的罚款或者 6 个月的监禁或二者并罚；检查时若发现违规行为，视情节处以数额不等的罚款甚至刑事处分。

2.2.3　德国

1. 业主负责制

德国政府认为大量事故的安全隐患出现在前期准备阶段，因此，1998 年 10 月，联邦劳动局颁布的《建筑工地劳动保护条例》规定，业主必须负责工地所有人员的安全与健康，采取的措施必须符合《劳动保护法》的规定。在德国，业主必须在开工前聘请建筑师和协调员，由业主委托协调员筹划建设项目的安全措施，参与项目的总体规划和设计，协调施工全寿命周期内的安全事宜。建筑师同协调员一起制定包含安全措施在内的施工方案（包括脚手架设计、施工用电、大型机械、人员配备、材料需要量和工程进度等），报建管局和劳动保护部门审查批准。如果在施工中发生安全事故，建筑师和协调员要代表业主承担相应责任，并接受建设局、劳动局和行业协会的处罚，需要承担法律责任的，由法院裁定。

2. 劳动保护部门检查管理状况

德国的劳动部门代表国家对包括建筑施工企业在内各行业的安全卫生状况进行监督检查。业主在向当地建管局报建的同时，还必须将建设项目以告知书的形式通知当地劳动局，否则将被处以罚款。劳动部门还对施工中涉及个人劳动保护方面进行检查，发现违章现象，如工人不戴安全帽、徒手搬运物体的重量超过 25kg 等，将对其和承包商各处以 100 马克的罚款。

3. 行业协会制定行业规则和标准

德国的建筑行业协会为非营利性组织，行业协会在以下方面发挥着重要的行业管理作用：拟定本行业的发展规划、制定行业标准、开展工伤保险和科学教育、预防和治理职业病、对安全专业人员进行资格认可、进行事故处理等。德国《劳动保护法》第七条规定，每个企业必须加入所从事业务的行业协会，并缴纳工伤保险金，行业协会有权对安全事故频发的企业提高工伤保险金或进行高额罚款，即承包商的市场准入和准出制度是通过协会制定，属于行业自律行为。

4. 建筑管理部门检查是否按方案施工

德国联邦建设部统一管理全国的工程建设活动，同时也是联邦政府建设项目的实施部门，建设部主要通过制定框架性的规定对建筑安全生产进行指导，具体实施方法则由各地建设局制定，做到建、管分开。建管局与安全方面相关的工作主要是：负责审查规划图纸是否符合强制性技术标准；监督检查各方是否按照已经审查批准的图纸进行建造。施工中，建管局的安全生产工作检查主要是对建筑物的结构安全和消防安全进行监督。综上所述，德国的建筑管理部门，主要是对规划、设计图纸和施工方案进行审查，监督各参与方严格按图纸施工。

2.3 国内外建筑施工安全标准化管理模式的比较研究

20世纪60至70年代，美国、日本、英国等发达国家开始对建筑施工安全问题进行深入研究，从法制、经济、文化、组织、技术等各个方面寻求降低事故发生率和事故损失的途径，体现出较高的建筑施工安全管理水平。

1. 突出法治国家宏观管理

从国家安全管理职能及手段的角度出发，一些发达国家以法制作为主要的监管手段。英国和美国并没有独立的建设行政主管部门，政府主要通过法律法规手段规范建筑市场。职业健康与安全管理体系是国家建筑施工安全管理的一部分，政府将保证每个作业人员的健康和安全作为安全管理的最终目标。在策略的制定方面，以国家职业安全健康标准作为安全管理的基础与核心，发挥健康与安全法律的主体法律作用，以及相关法规标准和技术条例等辅助法规作用，为建筑施工提供了良好的安全管理法律环境。

2. 行业自律水平高，相关协会影响大

国外在建筑施工安全管理上的另一特点是行业自律水平很高，相关协会影响大。德国的建筑领域有8个非营利性行业协会，其职责是：拟定行业发展规划、制定行业标准、开展工伤保险及科研教育、预防和治理职业病、对安全作业人员进行资格认可，并进行事故处理。德国《劳动保护法》第7条规定，所有企业必须加入相关业务的行业协会，并缴纳工伤保险金，即承包商的市场准入必须通过行业协会认可。对于安全事故频发的施工企业，行业协会不会对其除名，而是通过提高工伤保险金或进行高额罚款，从而使得企业无力继续经营，破产后自行退出相关领域。

3. 建筑工程主体安全法律责任明确

建筑危险不仅存在于施工过程中，而在建设项目的规划设计当中已经埋下事故隐患。据欧共体统计分析，63%的事故（包括施工过程中的安全事故以及使用过程中的安全事故）是由前期项目设计策划和施工准备阶段的缺陷造成，而37%的安全事故则发生在施工阶段，基于此，导致安全事故发生的重要原因是业主与承包商安全责任不明确、施工方案中安全措施不完善以及施工技术交底不清等。

1970年，美国颁发了适用于美国各洲和地区的《职业安全与健康法》，其第5节"责任"第1条规定，管理者必须为现场作业人员提供不会对其造成死亡或严重生理伤害危险的工作和工作场所，同时遵守依据本法令颁布的职业安全卫生标准。由此可见，在《职业安全与健康法》中，建设单位和总承包商都要承担较大的安全责任风险。为避免法律纠纷，建设单位在进行工程项目招标时，承包商良好的安全施工记录将被列为取得投标资格的必备条件之一，与此同时，建设单位应积极参与施工阶段承包商的安全管理工作。

1998年10月，德国劳动局颁布的《建筑工地劳动保护条例》中规定，建设单位必须负责施工现场所有作业人员的安全和健康，并采取符合《劳动保护法》规定的各项相关安全措施。建筑师不仅对工程质量负责，还应对涉及施工安全的重要施工方案负责，并报有关部门审查审批。同时，建设单位委托协调员筹划建设项目的安全措施，参与建设项目的总体规划和设计，协调全寿命周期内的安全事宜。

我国《建筑法》第5章"建筑安全生产管理"的16条规定，建筑施工安全责任由建筑施工企业完全承担，建设单位只承担有限责任。因此，在我国普遍认为施工安全是施工单位的责任，而建设单位和监理单位只负责工程质量、进度和投资控制，因此经常出现拖欠工程进度款、迫使施工单位赶工期、忽视现场作业人员安全等问题。由于缺乏必要的安全法律意识，存在管理者监管不善、减少安全投入以节约成本的错误观念，从而增加了安全事故发生的概率。由此可见，从法律角度落实建设活动各参与方的安全责任，提高其对安全问题的重视程度，是降低安全事故的有效措施。

4.安全保险制度完善

美国法律规定，工程项目建设前，建设单位和承包商必须办理相关的强制性保险 (Forced Insurance)，安全保费的额度与其安全施工的业绩和信誉密切相关。承包商若具有良好的安全业绩和信誉，则保费低廉，施工利润较高；反之保费高，施工成本增加，甚至出现保险公司拒保以致丧失施工主体资格。以此为契机，不仅提高了承包商的安全意识，而且保险公司也将对施工安全给予高度重视，积极参与施工安全管理工作。

在我国，由于建筑法律不健全和保险市场单一，建筑施工企业安全投保意识薄弱。我国《建筑法》仅在第48条中强制规定，建筑施工企业必须为从事危险作业的人员办理意外伤害保险，但并未明确要求国际普遍通行的建筑工程一切险、安装工程一切险、雇主责任险等强制性保险。目前，由于我国保险市场条款分割、保险业务险种少、保费高、服务尚不如人意，并且建筑领域缺乏权威的安全统计信息，使得理赔时互相推诿，无法保护各方的合法权益。在执法不严、缺乏相互制约机制的情况下，必然造成建筑施工企业的短期意识，忽视建筑安全生产和人身意外伤害保险等工作，因此应该积极发挥市场经济的杠杆调节对于我国建筑安全管理的重要作用。

5. 从业人员安全培训机制健全

德国的各州都设有当地政府出资创办的涉及建筑等行业的职业学校。而在我国，施工现场作业人员的低素质是我国建筑施工安全形势面临的严峻挑战。作业人员缺乏相应的安全施工知识，且维权意识薄弱，从而导致建筑施工安全事故频发，安全生产形势依然存在隐患。

3　其他行业安全标准化现状综述

3.1　标准化工作回顾

2001 年，党中央、国务院决定，组建国家质检总局的同时成立国家标准委员会，加强统一管理、分工负责的管理体制，标准化事业进入到了一个新的历史发展时期。十年来，标准化工作全方位地向一、二、三产业和社会管理、公共服务等各个领域拓展；国际标准化工作的影响力不断提高，实现了标准从单纯"引进来"到与"走出去"相结合的突破；标准制修订更加公开、公平和公正，运行机制进一步健全；标准化工作的地位和作用更加凸显，全社会关注和支持标准化事业发展的良好氛围已经形成。

"十一五"时期，标准化工作取得了重大成就。主要表现在：一是全面实施标准化战略，得到了国务院各有关部门、行业和地方的积极响应及大力支持。二是进一步优化国家标准体系结构，一、二、三产业的比例渐趋协调，缩短了标龄和制修订周期，国家标准采标率提高到 68%。三是成功当选为 ISO 常任理事国，承担的国际标准化组织秘书处、主席和副主席提出的国际标准提案总数显著增加，实质性参与国际标准化活动能力不断增强。四是大力实施关键技术标准推进工程和标准化公益性科研专项，开展了体系建设和重要标准的研究，形成了一批重要国家标准和国际标准。五是各类示范试点的覆盖面不断拓展，在促进产业化发展方面起到了引导和带动作用。六是成立了"中国标准化专家委员会"，建成全国专业标准化技术委员会和分技术委员会 1148 个，委员超过 4 万名，国际注册专家达到 1300 余人，为标准化事业科学发展提供了组织和人才保障。七是不断健全标准化工作管理机制，新制定一批规范性文件，完善标准质量管理和程序，进一步提高了标准制修订的公开性和透明度。八是进一步提高应急能力，在应对汶川大地震等突发事件中，启动快速程序，紧急制定发布了一批国家标准，得到了社会的普遍认可。

2010 年，全国标准化战线的专家紧紧围绕经济发展方式转变这条主线，结合各地各部门实际，创造性地开展工作，着力提高标准化工作服务经济社会科学发展的有效性，取得了显著成效。

3.1.1　进一步完善国家标准化体系

突出重点，着力抓好重要标准制修订工作。一是与发改委、科技部、工信部、交通部、商务部、环保部等部门共同编制了物流、电子信息、轻工、纺织等标准专项规划，做好标准体系框架的设计和布局。二是新批准发布国家标准 2860 项，其中，强制性标准 493 项，推荐性标准 2303 项，指导性技术文件 64 项。新备案行业标准 3026 项，备案地方标准 2520 项。三是下达国家标准制修订项目 2385 项，其中制定 1271 项，修订 1114 项，重点支持产业和社会发展急需的关键共性、基础通用和强制性标准。四是完成 4403 项国家标准的复审，确定需要修订的项目 1843 项。清理了 2005 年以前的立项项目，对继续执行的 260 项明确了完成时限。五是基本完成行业标准清理工作，64 个行业完成了 30959 项行业标准的审查，确认继续有效 14902 项，修订 11963 项，废止 4094 项。工业和信息化部组织力量，认真分析了工业和通信业标准体系的现状，完成了 2.4 万项行业标准的清理、复审工作，扭转了行业标准老化的局面。

加大标准化科研工作力度。一是强化公益性行业科研项目管理，开展项目执行情况的检查评估，组织验收了 100 个项目，这些项目支撑了 408 项重要国家标准和 14 项国际标准的制修订工作。公益性科研新立项 59 个，经费达 8000 多万元。二是"关键技术标准推进工程"重点专项进入总结验收阶段，共完成 16 项课题、150 余项任务，专项累计研制国家标准 306 项、行业标准 175 项、国际标准 44 项。三是积极争取将技术标准纳入了"十二五"国家科技工作专项规划，并已进入专家论证阶段。四是 84 个标准项目获得"中国标准创新贡献奖"。清华大学牵头，中国标准化研究院参与的《应急平台体系关键技术与装备研究》获得国家科技进步一等奖。

扎实推进标准化示范试点工作。一是农业标准化示范区建设成效显著。在中农办以及农业部等涉农部门大力支持下，制定了《关于进一步加强农业标准化工作的意见》。完成第六批示范项目的目标考核，并举办了全国农业标准化成果展，320 个示范区十大类 454 项农产品参展，较好地向社会展示和宣传了示范区建设成果。二是稳步推进循环经济标准化试点建设。会同国家发改委在太原、长治、晋城、运城四个城市开展循环经济标准化试点工作，循环经济标准化试点增加到 16 个。制定了《国家循环经济标准化试点考核规定》，加强了对循环经济标准化试点的指导和管理。三是大力推进高新技术标准化示范区工作。对深圳、北京、西安、上海、杭州和无锡 6 个高新技术产业标准化示范工作进行验收，在长春、郑州和江苏东海等地开展了新的试点工作，国家高新技术标准化示范区（基地）达到 14 个。四是全面推进服务业标准化试点建设。新下达 19 个服务业标准化试点项目，总数达到 169 个，涉及旅游、物流、公共服务、金融、运输、社区、餐饮、商贸、家政等领域。五是进一步深化重大工程标准化示范建设。总结晋东南至荆门特高压交流输变电标准化示范工程经验，积极开展了大型客机重大专项标准化示范建设，发挥标准化在大型客机研制和产业化过程中的技术支撑作用。

3.1.2　国际标准化活动取得突出进展

会同外交部、发改委、商务部、科技部、工信部等部门积极开展专题研究，加强协调配合、完善机制、形成合力，进一步增强我国产业和企业的国际竞争力等方面提出了新措施和新建议，并积极组织落实。

充分发挥我国 ISO 常任理事国作用。积极参与 ISO 未来五年战略规划的制定，促进制定有利于发展中国家的政策，推动 ISO 在节能与可再生能源、新材料、信息、低碳和生物技术等前沿领域开展国际标准的研制。

进一步增强了参与国际标准化活动的有效性。一是在商务部、农业部、中医药局、轻工业联合会、纺织工业协会、石油和化学工业协会、中石油和江苏省质监局等部门和地方的共同努力下，我国新承担了中医药、节能量和生物质气体燃料等 13

个国际标准化技术机构秘书处，总数已达到 50 个；新提交了国际标准提案 57 项，总数已达到 227 项，数量位居成员国前列。在国际电工领域，以我国为主提出的 6 项国际标准获得批准，18 项标准进入草案投票阶段，新提交了 11 项国际标准提案。二是通过各方共同努力，成功连任 ISO 能源与可再生能源战略委员会主席，我国现担任 ISO、IEC 技术组织主席、副主席总数已达到 25 个。三是通过外交部、商务部、人力资源和社会保障部、公安部、科技部等 22 个部门的全力配合，通力合作，社会责任国际标准中涉及我国核心利益的关键内容得到了实质性的修改，实现了既定目标，维护了国家利益。

加强国际交流与合作。2010 年 5 月 29 日中日韩三国领导人共同发表了标准化合作联合声明，年底又与日韩两国标准化机构签署了合作框架谅解备忘录。巩固与欧盟、美国、东盟、东北亚、俄罗斯和上合组织等的对话机制，与欧盟、美国、加拿大、匈牙利、斯洛伐克等国签署或续签了合作协议。广西、黑龙江、新疆、宁夏等地，加强了与东盟、俄罗斯、中亚五国以及阿拉伯等国家和地区的标准化交流合作。

3.1.3　强化管理年活动成效显著，标准化管理和服务水平不断提升

四件大事取得阶段性成果。一是向国务院报送了《国家标准化战略纲要（草案）》，提出了今后一个时期标准化工作的指导思想、战略目标、战略任务、发展领域以及战略措施。二是标准化法修订草案印发全国各部门、各地方政府和质检系统共 200 多个单位和专家并广泛征求意见，得到了国务院法制办和各有关方面的大力支持，新的草案吸纳各方意见和建议，目前已报国务院。三是国家标准化体系建设工程在各部门的共同努力下取得了阶段性成果，分析核对了 11.6 万条标准基础数据，提出了标准体系、技术委员会建设框架、标准制修订重点领域及具体项目，开展了国际标准化、标准保障制度和人才培养体系研究。四是国家标准资源服务平台建设有了新进展，制定了平台管理制度和技术规范，开展了信息资源数据库建设。

进一步加强制度建设，提高工作的有效性。制定和实施了《国家标准修改单管理规定》、《国家高新技术产业标准化示范区考核验收办法》等一批规范性文件。工业和信息化部、国土资源部、国家测绘局、中国纺织工业协会等部门制定了行业标准管理的有关规范性文件，加强标准制修订全过程管理。陕西、山东等省质监局分别制订了农业地方标准管理和联盟标准管理等方面的地方规章和规范性文件，明确了制定范围和程序。

加强技术机构建设，进一步提升技术支撑能力。一是新筹建了 18 个技术委员会和分技术委员会，探索互派联络员制度和联合工作组的工作机制，加强技术委员会之间的沟通与协调，为相关领域的标准化工作提供组织保障。二是积极推进标准化科研院所建设与改革，加强中国标准化研究院、行业和省级标准化研究院所以及条代码机构建设，标准化研究和应用水平明显提升，服务和支撑标准化发展的能力明显增强。

提升服务水平，为国家重大活动提供技术支撑。公安部、中国气象局等部门结合世博、亚运等重点保障任务，制定并实施了消防保卫、气象应对等一系列标准。上海市服务世博，同步制定信息、服务、节能环保、公共安全等 14 个领域涉及世

博的地方标准80余项。北京市积极落实新能源汽车产业发展部署，组建了电动汽车产业标准化工作组，构建了电动汽车电能供给与保障标准体系框架。

创新标准化工作机制，增强工作合力。各地充分履行职责，创新工作机制，探索与行业部门的合作机制，与市、县两级的上下联动机制，与区域标准化管理部门的横向联动机制，共同推进标准化工作的科学发展。江苏省质监局与全国钢铁行业协会加强合作，既为地方企业搭建标准制修订平台，又推动了行业标准化工作。陕西省建立了质监局与涉农部门相结合的农业标准化合作机制，建立了质监局、发改委牵头与各有关部门相结合的服务业标准化合作机制，使资源得到有效配置。上海市与江浙两省进一步完善了长三角标准化协作机制，共同制定相关领域统一的地方标准，服务区域经济发展。

加强对社会、企业标准化工作的服务。一是指导和帮助企业完善产品标准。四川、广东、福建、广西等地进一步细化《企业产品标准管理规定》，加强企业产品标准备案管理。浙江省组织全省17个行业开展了节能减排联盟标准项目建设，企业共节约标准煤20.3万吨。二是加大标准宣传、贯彻和培训力度。各部门和各地方进一步规范标准教材，举办了一系列重要标准贯彻落实、专业标准化知识培训班。国家发改委、环保部、农业部、卫生部、国家测绘局等部门和江西、浙江、四川等地以部门、政府网站为阵地，搭建标准化信息服务平台，为社会和企业提供有效的标准化信息服务。

近年来，我国标准化工作取得了显著成绩，为今后的科学发展打下了坚实基础。这些成绩的取得得益于党和国家的高度重视，得益于各部门、各地方和社会各界的密切配合及共同参与，得益于全体标准化工作者的辛勤劳动和扎实工作。

回首"十一五"标准化事业发展的历程，总结各行业安全标准化现状、实施方案及经验，要求标准化进程中一是必须坚持以科学发展观统领标准化工作，这是标准化事业健康发展的根本保障。二是必须坚持服务产业结构调整，加快转变发展方式，这是标准化工作的生命所在。三是必须坚持服务保障和改善民生，提高产品、工程和服务质量，这是做好标准化工作的基本宗旨。四是必须坚持统筹好国内国际标准化工作协调发展，这是提高我国产业、企业、产品国际竞争力的有效途径。五是必须坚持标准与科研相结合，实现标准制定、实施与创新技术产业化的有机衔接，这是全面提升标准化工作有效性的着力点。六是必须坚持解放思想、改革创新，这是实现标准化事业科学发展的强大动力。七是必须坚持统一管理、分工负责，发挥好各方面积极性，这是做好标准化工作的坚实基础。现对化工、交通运输、矿山和食品加工等行业的安全标准化实施方案进行分析，并总结出成功经验和失败教训，将其应用于建筑施工安全管理活动，完善其制度体系和保障政策，促进建筑施工安全标准化建设工作的推广和普及。

3.2 化工行业安全标准化现状

3.2.1 化工行业安全标准化建设方案

为深入贯彻落实《国务院关于进一步加强安全生产工作的决定》（国发

〔2004〕2号）和《国务院安委会办公室关于进一步加强危险化学品安全生产工作的指导意见》（安委办〔2008〕26号）的有关要求，全面开展化工行业安全生产标准化工作，促进化工行业加大安全投入，改善安全生产条件，规范安全管理工作，提高安全管理水平，尽快实现化工行业安全生产形势的根本好转，基于此提出化工行业标准化建设工作方案如下：

1. 指导思想

以科学发展观为统领，坚持安全发展理念，全面贯彻"安全第一、预防为主、综合治理"的方针，强化企业基层和基础工作，深入持久地开展化工行业安全生产标准化工作，进一步落实企业安全生产主体责任，强化生产工艺过程控制和全员、全过程的安全管理，不断提升安全生产条件，夯实安全管理基础，逐步建立自我约束、自我完善、持续改进的企业安全生产工作机制，全面提高企业安全生产管理水平。

2. 实施范围

此方案实施的范围是化学品生产和储存企业、经营和使用剧毒化学品企业、有固定储存设施的危险化学品经营企业、使用危险化学品从事化工或医药生产的企业（以下统称危险化学品企业）。

3. 工作目标和实施步骤

2009年，制定工作方案，宣传组织发动标准化工作，每个乡镇、经济板块、部门重点选择2~3家危险化学品企业作为首批推进企业，开展化工行业安全标准化工作。

2010年，全面开展危险化学品安全标准化工作。重点推进使用危险工艺的危险化学品生产企业、化学制药企业，涉及易燃易爆、剧毒化学品、吸入性有毒有害气体等企业（以下统称重点危险化学品企业）安全生产标准化工作，重点危险化学品企业要实现三级达标并部分达到二级以上水平。

2011年，大部分重点危险化学品企业要达到安全生产标准化二级以上水平。

2012年，重点危险化学品企业要全部达到安全生产标准化二级以上水平，其他危险化学品企业要全部达到安全生产标准化三级以上水平。

4. 考评依据和标准化达标分级

（1）考评依据：《危险化学品从业单位安全标准化通用规范》AQ 3013—2008、《危险化学品从业单位安全标准化考核评级办法》、《危险化学品从业单位安全标准化考核评价标准》。

（2）标准化达标分级：危险化学品从业单位安全生产标准化达标分为一级、二级和三级。

国家安监总局对全国危险化学品从业单位安全生产标准化工作进行监督和指导，负责制定危险化学品从业单位安全生产标准化标准和公告安全生产标准化一级企业。

各省安监局对本辖区危险化学品从业单位安全生产标准化工作进行监督和指导，负责制定二级、三级危险化学品从业单位安全生产标准化实施指南和公告安全生产标准化二级企业。

各市安监局组织实施本辖区危险化学品从业单位安全生产标准化工作，负责公告安全生产标准化三级企业。

危险化学品企业一般应在取得安全生产标准化二级证书一年后，且连续三年没有发生死亡事故和重大泄漏火灾、爆炸事故方可申请安全生产标准化一级企业的达标考评。

5. 企业标准化工作实施步骤和达标考评程序

（1）企业实施步骤：

企业按照《危险化学品从业单位安全标准化通用规范》AQ 3013—2008 要求实施安全标准化管理，一般步骤如下：

企业安全初始状态评审；

策划及风险分析；

安全标准化培训、管理制度修订、完善、编制；

安全标准化实施运行；

自评；

改进与提高。

（2）达标考评程序（见表 1-1）：

企业对本单位的安全标准化工作进行自评；

提出考核评级申请；

考核机构受理，制定考核计划，组建考核组；

考核组实施现场考核。编写考评报告，将考评报告分别提交给企业和考核机构。考核机构根据考核组的意见进行评审，确定对企业的考核评级结果；

通知企业，达到评级条件的，向企业颁发等级证书，且由考核机构对达标企业进行公告；

证书三年有效期内，考核机构每年对企业进行抽检。证书三年有效期满前三个月内，企业提出换证申请。

6. 组织领导及技术支持

（1）领导机构：

市局成立领导小组，由局长、分管局长担任领导小组正、副组长，危化科负责具体工作。各镇、经济板块、部门要成立组织领导小组，由分管领导、安监办（职能科室）组成推进领导机构，负责标准化工作的指导和推进工作。

（2）主要职责：

市局负责全市危险化学品领域中小企业安全标准化推进工作的组织领导，督促、掌握、通报相关信息和情况，对各地、各板块及各部门的工作进行指导和检查，督促各地按阶段开展好各项工作。

各镇、板块、部门负责具体推进企业安全标准化创建工作，督促、指导辖区内危险化学品企业开展安全标准化工作。准确掌握、及时报送相关情况。监督企业对不合格项目进行整改。将创建安全标准化作为安全生产工作主线来抓，完善管理体系，加强日常管理，实施技术改进。开展自评工作并及时上报有关信息和情况。

（3）技术支持：

为顺利推进安全标准化工作，市局成立由市安全生产专家组有关专家、安全评价机构、安全标准化考核机构、安全工程师事务所组成的技术支持机构，负责指导、帮助解决企业在安全标准化工作开展过程中遇到的技术问题。

7. 工作措施和要求

（1）提高认识，加强组织领导。安全标准化是生产经营单位的一项基础工作，是落实企业安全生产主体责任的基本途径。开展安全标准化活动，不仅是企业改善安全生产条件、改进安全生产管理的有效手段，也是推动企业建立安全生产长效机制的重要措施之一。各地要充分认识开展安全标准化活动的重要性和必要性，增强自觉性和坚定性，将开展安全标准化活动作为今后一个时期的重点工作来抓，纳入重要议事日程，切实加强领导，制定实施方案，深入宣传、广泛发动，采取有力措施，深入持久地开展下去，务必取得实效。

（2）加强检查指导，实行分类推进。各地、各板块和各部门要加强对安全标准化工作的检查指导，针对企业实际，实施分类推进。对安全管理基础较好的重点企业，要加大支持力度，加快标准化建设步伐，力争在 2010 年达到二级标准；对有一定管理基础的重点企业，要重点培养，力争在 2010 年达到三级标准化水平；对管理基础相对薄弱、短时期内难以达到安全标准化要求的企业，要根据企业的特点，对其安全管理机构、制度建设、教育培训、隐患排查治理、应急救援等进行规范指导，尽力督促企业在三年内达到安全标准化三级水平。

（3）强化业务培训，及时总结工作经验。要组织业务培训，提高监管部门指导能力和企业创建能力。要及时总结和推广试点工作及推进过程中好的经验做法，制定进一步深入推进的具体措施和步骤，确保三年工作目标的实现。安监局将择机召开安全标准化推进工作会议，总结各地工作经验，树立典型，以点带面，全面推进标准化工作深入开展。

（4）加强情况反馈，建立信息反馈和通报制度。为全面掌握安全标准化工作的进展情况，各级安全监管部门要建立信息反馈和通报制度，即从 2009 年起，各镇、各板块和各部门于每季度末将当季工作开展情况上报安监局，安监局在每季度结束后，将工作开展情况较好的经验和做法向各地通报。

（5）制定政策措施，激励危险化学品企业积极开展安全标准化工作。根据上级文件规定和精神，今后要将标准化工作作为企业申请安全许可的条件之一，达到二级以上水平的企业，在项目审批、许可证审查、安全评价、安全生产责任、保险费率浮动、风险抵押金缴纳、分类监管等级等各种政策上予以倾斜。根据国家安监总局和省政府相关规定，对到期不能达到相应安全标准化水平的企业，不再办理或暂缓办理相关安全生产行政许可手续，结合专项整治予以淘汰。

（6）完善和严格执行安全管理规章制度，不断提高企业安全管理水平。危险化学品企业要对照有关安全生产法律法规和标准规范，对企业安全管理制度和操作规程符合有关法律法规标准情况进行全面检查和评估。将适用于本企业的法律法规和标准规范的有关规定转化为本企业的安全生产规章制度和安全操作规程，使有关法律法规和标准规范的要求在企业具体化。要建立健全和定期修订各项安全生产管理规章制度，狠抓安全生产管理规章制度的执行和落实，不断提高企业安全管理水平，实现企业的本质安全。

表1-1　危险化学品从业单位安全标准化考评报告

企业名称： 企业地址： 电话：　　　　　　　传真：　　　　　　　邮编：
考评组长： 　成员：
考评日期：_____年___月___日至_____年___月___日
一、受考评方的基本情况
二、受考评方安全标准化与《规范》的符合情况
三、受考评方遵守法律法规情况
四、受考评方安全标准化有效性
五、考评发现的主要问题概述及纠正情况
六、考评结论
七、声明 　　本次考评的方法是采用抽样调查的方法，因此，本次考评不可能包含受考评方全部的安全标准化活动。由于抽样的局限性，仍可能有未发现的不符合项存在于目前的安全生产运行中。
八、考评报告发放范围
考评组长： 　年 月 日　　　　　　　　　　　　　　　考评单位盖章

（7）不断完善改进，确保安全标准化工作取得实效。为防止标准化工作走过场和流于形式，对已通过二级或三级以上标准化考核的企业，要及时开展回头看，对企业安全管理体系的贯彻落实情况进行复查，对达标过程中不合格项的整改情况进行检查，对不合格项和运行过程中出现的新问题要立即纠正，对存在的隐患要限期整改，争取提档升级，确保安全标准化工作取得实效。

3.2.2 化工行业安全标准化制度保障体系

化工行业安全标准化制度保障体系，见表1-2。

表1-2 化工行业安全标准化制度保障体系

序号	制 度 名 称	文件编号
1	安全投入保障制度	AQ-AB-ZD-01
2	安全生产法律法规获取及管理制度	AQ-AB-ZD-02
3	安全生产责任制度	AQ-AB-ZD-03
4	安全培训教育制度	AQ-AB-ZD-04
5	安全检查和隐患整改制度	AQ-AB-ZD-05
6	安全检修管理制度	AQ-AB-ZD-06
7	安全作业管理制度	AQ-AB-ZD-07
8	危险化学品安全管理制度	AQ-AB-ZD-08
9	生产设施安全管理制度	AQ-AB-ZD-09
10	劳动防护用品（具）和保健品发放管理规定	AQ-AB-ZD-10
11	事故管理制度	AQ-AB-ZD-11
12	职业卫生管理制度	AQ-AB-ZD-12
13	仓库、灌区安全管理制度	AQ-AB-ZD-13
14	安全生产会议管理制度	AQ-AB-ZD-14
15	剧毒化学品安全管理制度	AQ-AB-ZD-15
16	安全生产奖惩管理制度	AQ-AB-ZD-16
17	防火、防爆、防尘、防毒管理制度	AQ-AB-ZD-17
18	消防管理制度	AQ-AB-ZD-18
19	禁火、禁烟管理制度	AQ-AB-ZD-19
20	特种作业人员管理制度	AQ-AB-ZD-20
21	安全生产责任制定期考核制度	AQ-AB-ZD-21
22	班组安全活动制度	AQ-AB-ZD-22
23	安全管理绩效考核制度	AQ-AB-ZD-23
24	变更管理制度	AQ-AB-ZD-24
25	供应商管理制度	AQ-AB-ZD-25
26	用火作业安全管理规定	AQ-AB-ZD-26
27	临时用电安全管理规定	AQ-AB-ZD-27
28	承包商管理制度	AQ-AB-ZD-28
29	生产设施拆除和报废制度	AQ-AB-ZD-29
30	关键装置、重点部位安全检查书面报告制度	AQ-AB-ZD-30
31	关键装置、重点部位安全管理制度	AQ-AB-ZD-31

序号	制 度 名 称	文件编号
32	监视和测量设备管理制度	AQ-AB-ZD-32
33	作业场所职业危害因素检测制度	AQ-AB-ZD-33
34	重大危险源监控管理制度	AQ-AB-ZD-34
35	关于安全生产规章制度和安全操作规程的评审和修订的相关规定	AQ-AB-ZD-35
36	职业病危害告知制度	AQ-AB-ZD-36
37	职业卫生与职业病预防管理制度	AQ-AB-ZD-37
38	外来人员管理制度	AQ-AB-ZD-38
39	危险化学品运输、装卸安全管理制度	AQ-AB-ZD-39
40	危险化学品的储存和出入库安全管理	AQ-AB-ZD-40
41	危险物品废弃处理制度	AQ-AB-ZD-41
42	危险化学品销售管理制度	AQ-AB-ZD-42
43	剧毒化学品安全管理制度	AQ-AB-ZD-43
44	安全消防制度	AQ-AB-ZD-44
45	机动车进出厂管理规定	AQ-AB-ZD-45
46	机修车间安全管理制度	AQ-AB-ZD-46
47	生产车间安全管理制度	AQ-AB-ZD-47
48	储罐区安全管理制度	AQ-AB-ZD-48
49	安全监督与检查制度	AQ-AB-ZD-49
50	门卫保安员规章制度	AQ-AB-ZD-50

3.3   交通运输行业安全标准化现状

3.3.1   交通运输行业安全标准化建设方案

为进一步夯实交通运输安全基础，建立健全安全管理长效机制，确保系统安全形势的持续稳定，推动全国交通运输事业又好又快的科学发展，根据《国务院关于进一步加强安全生产工作的决定》（国发〔2004〕2 号）、《国务院关于进一步加强安全生产工作的通知》（国发〔2010〕23 号）以及《国务院办公厅关于继续深化"安全生产年"活动的通知》（国办发〔2011〕11 号）精神，以科学发展观为指导，坚持"安全第一、预防为主、综合治理"的方针，围绕建设安全畅通、便捷绿色的现代交通运输业目标，以落实安全生产两个主体责任为重点，继续深入开展"安全生产年"活动，加强基层基础建设，严格责任落实，坚持依法监管，深化安全生产的"三项行动"和"三项建设"，提升安全监管和应急处置能力，推动交通运输安全生产和应急管理工作向标准化、法治化、现代化、专业化、高效化方向发展，特制定《交通运输系统继续深化"安全生产年"活动方案》如下：

1. 指导思想

以科学发展观为统领，不断强化"责任全覆盖、监管全覆盖、保障全覆盖"的交通安全理念，牢牢把握"注重预防、依法依规、分类指导、综合治理、典型引路、强基固本"的安全监管规律，以维护人民群众生命财产安全为根本，以促进安全生产形势持续好转为目的，以创建"平安交通示范点"、开展"安全管理提高年"活动为载体，着力提升交通运输安全工作科学化水平，为交通运输又好又快发展提供可靠的安全保障。

2. 总体要求

"平安交通示范点"建设全面推进，安全基础管理进一步提高，努力实现安全监管体制机制标准化、安全工作研究科学化、隐患排查治理常态化、应急管理工作实效化、安全教育培训成效化，确保安全事故总量、事故伤亡、事故损失、事故影响稳步下降，杜绝群死群伤恶性事故。

3. 创建平安交通示范点目标任务

（1）创建目标。

根据省市统一要求，局和行业监管部门要在海事、运管、公路、航道、工程、港口等交通运输安全监管方面，创建一批示范点，通过培育典型、示范引导，以点带面，全面提高全市平安交通建设的水平和成效。做到处、所、站的达标率达到40%以上。到2011年，全市70%以上承担安全监管职责的处、所、站，达到平安交通示范点的要求，到2012年创建达标率达到90%以上。

（2）创建标准。

示范点是平安交通建设中的典型亮点，必须在系统、行业、区域内领先，具有良好的示范作用。创建的共性标准是：安全监管标准化，监督检查有效化，隐患治理常态化，安全投入多元化，台账资料规范化。创建的个性标准主要包括：

平安水域示范点。水上交通事故指标稳中有降，辖区船舶便于行、物畅其流、安全有序，应急救援快速高效。

平安航道示范点。管养航道畅通，航标设施完善，碍航隐患治理彻底，临跨河建筑物审批规范。

平安港口示范点。危险货物港口作业安全监管规范，内贸集装箱超载治理成效显著，港口安全事故和污染事故得到遏制。

平安公路示范点。管辖道路附属设施齐全完备，路域环境整洁美观，收费站点安全畅通，超限超载治理规范有序，管养道路技术状况良好。

平安运管示范点。"三关一监督"制度落实，安全监管基础扎实，运输市场安全有序，运输安全形势稳定。

平安工程示范点。交通工程施工安全许可证制度得到认真执行，项目安全契约化管理普遍实施，安全人员符合上岗资质，施工安全监管职责全面落实。

平安单位示范点。内部单位安全、社会治安综合治理实行目标管理，人防、技防、设施防"三防"措施到位，无群防集防、越级上访的行为，无"民转刑"案件、治安案件和刑事案件。

（3）创建要求。

示范点活动是进一步规范行业安全监管行为的重要举措，各部门、各单位要在去年创建的基础上，真抓实干，争先创优，通过做到"五个到位"，充分展示交通运输安全基层基础工作水平。

一是创建责任到位。要充分发挥各级领导在安全管理和示范点建设中的率先垂范和组织协调作用，逐级细化创建工作职责，为创建活动在组织机构、人员配置、方案制定、经费保障等方面提供有力支持。

二是创建措施到位。平安交通建设要重举措，讲实效，贴近行业、贴近实际、贴近基层，要结合自身的实际制定各自的实施方案和细则，确定工作的重点、措施的要点和争先的亮点，有步骤、大力度地推进创建活动。

三是内部管理到位。交通的长治久安，关键是靠规范管理。要将平安示范点作为管理平台和形象窗口，按照制度严明、体系顺畅、台账规整的要求，强化内部基础管理。

四是工作创新到位。要深入研究开展创建活动的有效途径，深入吸取党政工团组织创建经验，将群团组织由安全管理"边际力量"转化为"中坚力量"，在指导协助安全管理、引导职工安全生产、破解安全工作难题等方面拿出新方法、新举措。

五是群众参与到位。要充分利用安全宣传的阵地和工具，在车站码头、生产办公区域、施工现场、服务窗口和人流车流聚集地，通过电子影像语音、张贴标语图片、布置专栏板报，集中宣传示范点建设的目的、意义和要求，大幅提升活动的群众知晓率、参与率和支持率。

4."安全管理提高年"主要任务和保障措施

基层、基础"双基"工作是交通运输安全的根本，要在前几年开展"双基"工作的基础上，继续狠下功夫、真抓实干，着力构建安全生产"三张网"（责任网、监督网、保障网），切实把各项安全生产工作落到实处。

（1）安全监管体制机制标准化。

完善安全监管工作体制。局和行业监管部门要按照各级政府对安全监管工作们要求，以机构改革为契机，强化机构、人员的落实，加强应急管理职责，配备专职安全监管和应急管理干部，保证安全工作事事有人抓，件件有着落。

健全安全监管工作机制。要建立和完善齐抓共管的监督管理机制，理顺安全监管关系，切实做到人员落实到位、工作机制到位、监督管理到位。进一步建立完善各负其责的责任落实机制，着力落实安全生产行政首长负责制、安全生产"一岗双责"制，落实监管部门职责和企业安全生产主体责任，将安全生产责任层层分解、层层细化，确保"人人有责"。

（2）安全工作研究科学化。

加强安全管理研究。积极落实安全专家咨询制度，依靠交通运输安全管理专家和专业研究机构，加强当前交通运输安全监管重点和难点问题的研究，不断创新安全工作理念、安全监管手段。并积极探索水陆交通运输、路航基础设施、港口基础设施、交通工程建设等方面安全监管的工作标准和工作程序，实现安全监管标准化，确保交通运输行业安全监管工作"不缺位、不错位、不越位"。

加强交通运输安全监管"十二五"发展规划研究。在编制"十二五"交通发展规划的同时，全面启动"十二五"交通运输安全监管发展规划研究，系统做好发展现状和"十一五"期间安全工作的科学评估，认真研判发展需求和阶段特征，加强科学指导，明晰规划基本思路。

积极推广应用科技手段。结合上海世博会安全保障工作，大力推动交通安全管理信息化建设，推广先进的科学管理手段和先进设施设备，提高交通运输安全科技保障水平。通过在客车和危险品运输车船推广应用 GPS，在重点路段和航段安装电视监控系统，在日常安全监管领域推行软件辅助管理，在交通企业推进装备更新和安全技改，加强对交通重大危险源的监控和管理。

（3）隐患排查治理常态化。

制定隐患分类识别标准。根据《安全生产事故隐患排查治理暂行规定》和交通运输安全工作的特点，全面准确掌握交通运输安全隐患的种类、数量和状况，制定出符合交通、地区实际的隐患分类识别标准。

突出隐患排查治理重点。把隐患排查治理聚焦在基础设施和行业管理两个重点，突出抓好水陆危运、道路客运、在建工程、危桥险段、农路设施、港口装卸等方面。同时，坚决落实安全生产主体责任，督促企业切实做好隐患治理的自查自改。

强化隐患排查长效治理。持续完善隐患排查、评估、论证、确认、整改、销号等一整套程序和方法，并使其制度化、规范化。通过企业自查、群众举报、媒体监督、专家检查、行业专查、上级督查等手段，有效防止不安全因素与行为，将事故隐患消灭在萌芽状态。

（4）应急管理工作高效化。

完备应急预案体系。针对交通运输行业各类风险隐患特征，进一步健全完善交通运输安全应急预案体系，不断扩大覆盖面、增强操作性、提高协调度，加快建立多层次、全覆盖、衔接配套、针对性强的应急预案体系，真正做到应对有策、临危不乱。根据国家安监总局发布的《生产经营单位安全生产事故应急救援预案编制导则》的规定，今年拟对过去的所有应急救援预案进行重新修订完善。

完备事故预警机制。针对交通运输行业易受气候环境影响实际，加强信息收集和研判，及时发布预防预警信息，合理设定应急响应程序，形成快速高效的信息传递反馈、形势分析和重点防控机制，建立完善的安全生产监测预警体系。

完备应急资源储备。针对交通运输行业点多线长面广的特点，通过组织整合、资源整合、信息整合和行动整合，倾全系统之力加强队伍和装备建设，适度超前部署应急救援设备和物资，增强突发事件的安全预控、应急处理和公共危机的动员能力。

完备应急救援演练。针对水陆客货运输、交通工程建设、重大基础设施安全等重点，组织开展公路清障保畅、车站消防疏散、港口设施保安、内河船舶救援、水陆危险品泄漏和客船救生等应急仿真演练，提高应急处置能力和水平。

（5）安全教育培训实效化。

改进宣传教育形式。在宣传教育形式上，不拘泥于现场咨询、发放宣传品、展板展览、知识竞赛、演讲比赛等传统常用方式，更多地采取职工群众喜闻乐见的形式和应用多媒体等直观教育方式，提高教育效果。

开展分类安全教育。根据不同的层次、不同的对象、不同的要求，分门别类地抓好培训教育。有计划地组织举办领导干部、管理干部、行政执法人员、关键岗位和特殊工种人员培训班，系统地学习有关安全生产的法律法规和安全操作技能。尤其是在新录用人员业务培训中，必须增加安全知识的内容。

评估安全教育成效。对安全宣传教育的手段和结果进行评估，对安全教育投入和产出进行评估，使宣传教育的形式、手段和效果有机地结合起来。对评估效果较好的安全教育成功方法以及涌现出的先进典型，组织经验交流和成果推广，充分发挥典型的示范带动作用。

5. 组织机构

为确保创建平安交通示范点、开展安全管理提高年活动顺利进行，交通运输局成立工作领导小组，以局党政办公室、安全法制科、综合管理科、交通工会、公路处、运管处、海事处、航道处、维管处、质监站主要负责人为成员。领导小组办公室设在局安全法制科。

6. 活动安排

（1）全面发动阶段（2010年3月）。局、行业监管部门和交通企业单位要把"两项活动"纳入年度工作计划，有针对性地制订工作实施方案，召开专题会议进行动员部署，充分运用各种宣传阵地和方式营造声势。各部门、各单位将工作部署、发动情况于3月中旬前报市局活动领导小组办公室。

（2）整体推进阶段（2010年4月至9月）。局、行业监管部门和交通企业单位根据各自安全管理职责和"两项活动"的具体要求，细化分解工作任务，有计划、有步骤、有侧重、分层次地全面开展"两项活动"，排定序时进度节点，加强督查检查，逐项落实各项既定的工作目标任务。

（3）完善提高阶段（2010年10月至11月15日）。局、行业监管部门和交通企业单位对照"两项活动"的总体目标和工作任务，开展自我评价和考核工作，掌握工作进展情况，认真查找工作中的薄弱环节和存在问题，及时推广好的经验、好的做法，对工作滞后、活动成效不大的单位和部门，加强督促检查，予以重点指导帮助。

（4）总结考核阶段（2010年11月16日至12月10日）。局、行业监管部门和交通企业单位对"两项活动"开展情况进行全面总结、考核考评。在此基础上，迎接市局对各部门、各单位开展"两项活动"情况组织评价考核。

7. 总体要求

创建平安交通示范点和开展安全管理提高年活动是今年交通运输安全工作的主题和主线，抓好"两项"活动，不仅关系到今年安全生产的目标能否顺利实现，同样也关系到省市交通运输安全监管的形象。各单位要以更高的认识、更强的力度、更大的决心，全面加强安全生产的组织领导。

（1）切实统一思想认识。目前，交通的安全还只是阶段性的相对安全，还只是处于危险因素依然存在的动态安全。因此，各行业监管部门、各企事业单位要以高度的自觉性和敏感性把"两项活动"作为从根本上遏制事故发生的一件实事，作为实现交通长治久安的一件大事，贯穿于今年安全监管的始终，渗透到安全工作的各个方面。要避免对过去工作简单重复和低水平循环，必须做到既有针对性、又有前瞻性，既要去粗取精、更要创新提高，在更高的起点上，寻求交通持久稳固安全的最优化、最可靠的结合点和支撑点。

（2）切实加强组织领导。各级领导干部要深知安全重任在肩，必须全力保障安全生产管理各项措施的落实。在位置上，把"两项活动"目标纳入单位整体工作布局，作为党政会议的重要议题。在领导上，实行"一把手"工程，主要领导要亲自抓、直接抓，分管领导要重点抓、具体抓，其他领导要共同抓、认真抓。在作风上，要实字当头、细字当头、严字当头，凡是有利于安全生产的，做到有话必讲、有事必办，坚决克服以会议贯彻会议，以文件贯彻文件的不良倾向。在方法上，注重抓好调查研究、分类指导、典型引路，对在"两项活动"中涌现出的先进典型，通过现场会、推介会等形式，及时总结推广经验，扩大辐射面，增强影响力，推动面上工作的平衡开展。

（3）切实严格奖惩考核。局将采取动态考核与定期考核、平时考核与年终考核、量化考核与质态考核相结合的方法，科学客观地评价各单位"两项活动"的开展情况。对表现突出的单位和个人予以表彰奖励，对工作不力、进度滞后的单位予以通报批评，做到综合考评、奖罚分明，形成既有动力、又有压力的安全工作激励惩戒机制。

3.3.2　交通运输行业安全标准化制度保障体系

交通运输行业安全标准化制度保障体系如表 1-3 所示。

表 1-3　交通运输行业安全标准化制度保障体系

序号	制度名称	发布单位
1	中华人民共和国公路法	中华人民共和国主席令（97）第 86 号发布
2	中华人民共和国收费公路管理条例	国务院令（2004）第 417 号发布
3	中华人民共和国道路运输条例	国务院令第 406 号发布
4	中华人民共和国道路交通安全法	中华人民共和国主席令第 8 号发布
5	中华人民共和国道路交通安全法实施条例	中华人民共和国国务院令第 405 号发布
6	中华人民共和国船舶识别号管理规定	交通运输部令 2010 年第 4 号
7	中华人民共和国船舶油污损害民事责任保险实施办法	交通运输部令 2010 年第 3 号
8	交通运输厅行政执法评议考核规定	交通运输部令 2010 年第 2 号
9	中华人民共和国内河船舶船员适任考试和发证规则	交通运输部令 2010 年第 1 号
10	老旧运输船舶管理规定	交通运输部令 2010 年第 14 号
11	中华人民共和国船舶安全检查规则	交通运输部令 2010 年第 15 号
12	港口经营管理规定	交通运输部令 2010 年第 13 号
13	防治船舶污染海洋环境管理条例	中华人民共和国国务院令第 561 号
14	快递业务经营许可管理办法	交通运输部令 2009 年第 12 号
15	中华人民共和国船员培训管理规则	交通运输部令 2009 年第 10 号

序号	制度名称	发布单位
16	道路运输车辆燃料消耗量检测和监督管理办法	交通运输部令 2009 年第 11 号
17	中华人民共和国航道管理条例实施细则	交通运输部令 2009 年第 9 号
18	中华人民共和国公路管理条例实施细则	交通运输部令 2009 年第 8 号
19	水路运输管理条例实施细则	交通运输部令 2009 年第 6 号
20	水路运输违章处罚规定（试行）	交通运输部令 2009 年第 7 号
21	道路货物运输及站场管理规定	交通运输部令 2009 年第 3 号
22	道路旅客运输及客运站管理规定	交通运输部令 2009 年第 4 号
23	中华人民共和国水路运输服务业管理规定	交通运输部令 2009 年第 5 号
24	关于废止 8 件交通规章的决定	交通运输部令 2009 年第 2 号
25	国内船舶管理业规定	交通运输部令 2009 年第 1 号
26	收费公路权益转让办法	交通运输部令 2008 年第 11 号
27	中华人民共和国船员服务管理规定	交通运输部令 2008 年第 6 号
28	游艇安全管理规定	交通运输部令 2008 年第 7 号
29	道路旅客运输班线经营权招标投标办法	交通运输部令 2008 年第 8 号
30	公路、水路交通实施《中华人民共和国节约能源法》办法	交通运输部令 2008 年第 5 号
31	快递市场管理办法	交通运输部令 2008 年第 4 号
32	邮政普遍服务监督管理办法	交通运输部令 2008 年第 3 号
33	关于修改《道路旅客运输及客运站管理规定》的决定	交通运输部令 2008 年第 10 号
34	关于修改《道路货物运输及站场管理规定》的决定	交通运输部令 2008 年第 9 号
35	国内水路运输经营资质管理规定	交通运输部令 2008 年第 2 号

3.4 金属非金属矿山行业安全标准化现状

3.4.1 金属非金属矿山行业安全标准化建设方案

为不断地提高企业主体安全责任意识，进一步加快和推进我国金属非金属矿山安全标准化达标建设工作，指导和鼓励企业扎实开展安全标准化达标建设工作，根据《国家安全监管总局关于加强金属非金属矿山安全标准化建设的指导意见》（安监总管一〔2009〕80 号，以下简称《指导意见》）的有关要求，国家安全监管总局组织制定了《金属非金属地下矿山安全标准化评分办法》、《金属非金属露天矿山安全标准化评分办法》、《尾矿库安全标准化评分办法》、《小型露天采石场安全标准化评分办法》（详见国家安全监管总局网站），结合我国金属非金属矿山行业安全生产现状，特制定标准化建设方案如下：

1. 总体思路

深入贯彻科学发展观，坚持安全发展指导原则和"安全第一、预防为主、综合治理"方针，本着总体规划、分步实施、突出重点的原则，建立和完善加强标准化建设的技术支撑体系、考评体系、培训体系、奖励约束体系和信息交流体系，立足于危险源辨识和风险评价，着力落实14个大元素和若干子元素，全面完成准备与策划、实施与运行、监督与评价、改进与提高的创建过程，实现全员参与、过程控制和持续改进，阶梯式推进企业本质安全水平和管理水平的提高，有效消除风险，防范生产安全事故发生。

2. 工作目标

到2009年底，全国100家以上大中型金属非金属矿山企业达到安全标准化三级以上水平；到2010年底，全国20%以上的金属非金属矿山达到安全标准化五级以上水平，70%以上的大型金属非金属矿山企业达到安全标准化三级以上水平；到2011年底，全国60%以上的金属非金属矿山达到安全标准化五级以上水平，大型金属非金属矿山企业100%达到安全标准化三级以上水平；力争到2013年底，全国金属非金属矿山100%达到安全标准化五级以上水平。

3. 工作安排

（1）动员部署阶段（2009年7月底前）。组织召开全省金属非金属矿山安全标准考评标准修订研讨会，筹备召开全省金属非金属矿山安全标准化建设工作会议，部署落实国家总局安全标准化建设相关法规、文件要求。各地区迅速将会议精神传达到地方各级人民政府和各类企业，结合实际制定工作方案，抓好组织落实。

（2）试点推进阶段（2009年8月底前）。推进各省非煤矿山强基固本"五个一百"全国示范单位、安全标准化试点矿山企业（含尾矿库）的标准化建设工作，按照《规范》要求建立并良好运行标准化系统。

（3）评定改进阶段（2009年底前）。全省大中型金属非金属矿山企业安全标准化建设示范单位达到安全标准化三级以上水平，并在我局网站上予以统一公告。

按各年度工作安排，定期组织召开全省金属非金属矿山安全标准建设年度总结会议，认真总结各地试点经验、分析各地标准化建设进展情况，研究制定切合实际的工作措施，推广标准化试点创建经验。

（4）全面推广阶段（2010年1月至2013年底前）。各级安全监管部门对本地区标准化建设状况进行全面检查，督促企业加快工作进度。各级安全监管部门和各企业针对发现的问题，采取果断措施，落实责任、资金和期限。省局将组织力量对标准化建设情况进行检查，实现2013年底各省金属非金属矿山100%达到安全标准化五级以上水平。

4. 构建加强安全标准化建设的工作体系

（1）建立技术支撑体系。一是国家安全监管总局成立标准化建设专家指导组，由参与标准起草的人员组成。统一编写与《规范》配套的标准化评分办法、宣贯辅导材料和相关资料；对全国标准化建设中的共性和导向性问题进行研究，为国家安全监管总局决策提供建设性意见；指导各地开展标准化宣贯工作，为各地开展工作提供技术支撑。各地也要成立相应的专家指导组，指导本地区的标准化工作。二是建立技术支撑机构。国家安全监管总局以有关单位为技术支撑机构，依托国家安全监管总局专家指导组对相关人员进行业务能力培训，指导由国家安全监管总局负责组织考评的有关矿山企业开展标准化工作，并进行相应等级的评定。三是国家安全监管总局组织开发金属非金属矿山安全标准化等级评定计算机软件，统一规范考评文件格式和内容，提高考评工作效率和工作质量。四是各级安全监管部门委托有专业技术力量的社会团体、科研院校、中介组织作为本地区标准化考评机构。考评机构应当具有独立法人资格，固定的办公场所和必要的办公条件，有一定数量适应矿山考评工作的专职人员。从事一、二级标准化等级考评的机构由国家安全监管总局组织认定，其他考评机构由各省（区、市）安全监管局（以下简称省局）组织认定。具体认定工作程序和办法由各省结合实际制定并报总局备案。

（2）建立考评标准体系。国家安全监管总局统一制定安全标准化评分办法，金属非金属矿山地下开采系统、露天开采系统、尾矿库、小型露天采石场分别按照相应的评分办法进行评定。具有多类和多个生产系统的矿山，要对各个生产系统分别进行评定，以评定的最低等级作为矿山企业的安全标准化最后等级。尾矿库为非正常库的，必须经整改达到正常库标准后方可参评。安全标准化等级分为一、二、三、四、五共5个等级，一级为最高，五级为最低。国家安全监管总局负责组织对达到一、二级标准的矿山企业进行评定，各省局负责组织对达到三级及以下标准的矿山企业进行评定，其中四、五级标准评定工作，可视具体情况由各省局授权市、县级安全监管部门负责。

（3）建立标准化培训体系。国家安全监管总局依托相关机构对各省局、中央管理的矿山企业相关人员，以及从事一、二、三级标准化考评的考评机构相关人员进行业务能力培训；各省局负责或委托相关市、县级安全监管部门负责组织对上述以外参与标准化工作的相关人员进行业务能力培训。培训内容参照国家安全监管总局统一编制的培训大纲进行。

（4）建立激励约束体系。一是将标准化建设与安全生产许可制度结合起来。各地可根据实际，逐步将标准化最低评定等级作为金属非金属矿山取得安全生产许可证的基本条件。到2013年底凡未达到最低标准化等级的，一律依法吊销其安全生产许可证，并提请地方人民政府关闭；2010年底以后换发安全生产许可证的矿山企业，必须达到安全标准化最低等级。二是将标准化建设与相关经济政策结合起来。对于达到标准化三级以上（含）的矿山企业，各地可探索在落实相关安全生产经济政策、安全生产许可证延期换证、减少对其检查频率等方面采取优惠措施，鼓励企业不断提高标准化等级。三是实行统一公告制。达到标准化二级以上（含）的企业在国家安全监管总局政府网站上统一进行公告，其他等级的企业由各省局组织统一公告，以接受社会监督。

（5）建立信息交流体系。一是建立工作方案备案制。各级安全监管部门制定的标准化工作方案，按照考评等级的职能划分，分别报国家安全监管总局和省局进行备案。从事三级标准化考评的机构必须经过国家安全监管总局备案同意，其他等级标准化考评的机构应经省局备案同意；取得标准化相应等级的企业每年必须向认定其等级的相应安全监管部门报送一次自评结果。二是建立信息报送制度。各省局每季度末向国家安全监管总局报送标准化建设进展情况和已经取得标准化相应等级的企业名单。三是建立信息交流制度。各地要采取多种形式及时通报交流标准化进展情况。

5. 规范安全标准化建设的评定程序

安全标准化等级采用企业自评和安全监管部门组织评定相结合的方式,主要程序如下:

（1）企业自评。已取得安全生产许可证,生产活动满足安全生产法律、法规、规章、标准要求,按照《规范》要求建立并良好运行标准化系统6个月以上的企业,可成立自评组织机构,应用评定软件自评确定相应等级,形成安全生产标准化自评报告。

（2）外部考评。企业按照自身类别和自评等级,选择符合规定条件的考评机构进行外部考评。考评机构依据《规范》、相应评分办法要求组织专家进行考评,形成考评意见并向企业反馈。考评工作结束后,向企业提交标准化考评报告。企业自评与考评机构考评的等级不一致的,应以考评机构评定的等级为准。

（3）等级认定。企业根据考评结果,向具有相应考评职能的安全监管部门提出申请。安全监管部门组织对企业申报的资料进行审核,符合条件的,予以认定;不符合条件的,退回申请。

（4）发布公告。安全监管部门要对已认定等级的企业进行公告,公告期满向企业颁发标准化等级证书和牌匾,证书、牌匾采用全国统一的式样。

6. 工作要求

（1）加强领导,强化宣传。各级安全监管部门和各类矿山企业要加强组织领导,制定和完善工作方案,落实工作责任。要加大工作力度,深入调查研究,定期研究解决重点问题,不断总结经验,改进工作方法,提高工作水平。要大力加强宣传工作,营造浓厚的工作氛围,使各级安全监管部门和各类企业正确理解和把握标准化的总体思路和目标、实施原则、创建步骤、评定方法、监督管理等内容,为正确执行《规范》提供思想保障,推进标准化建设规范、有序开展。

（2）统筹规划,分步实施。各地要在全面摸清矿山企业基本情况的基础上,根据全国标准化建设的总体目标,研究制定符合各地实际的工作方案,明确各年度工作具体目标。在此基础上,对辖区内企业按照经济性质、矿山种类、生产规模、开采工艺等分门别类进行排队,本着先易后难的原则,有步骤地推进标准化工作。要充分发挥典型示范带动作用,各级安全监管部门可选择本行政区域内3~5个不同类型的企业率先开展标准化试点,搞好对试点单位的帮扶,组织专家为试点单位提供技术服务,及时帮助解决试点过程中的困难,及时纠正可能出现的偏差,为试点单位创造良好的工作环境,通过试点积累经验,树立典型,以点带面,全面推进。

（3）突出重点,务求实效。标准化建设是一项长期持久的工作,不可能一蹴而就。在工作方向上把重点放在促进中小企业开展标准化建设上,推动中小矿山企业不断提升本质安全程度,进一步提高安全管理水平和安全保障能力;在工作方法上把重点放在率先引导规模大、管理强的矿山企业达到相应标准化水平上,发挥大企业的辐射带动作用和对中小企业的帮扶作用;在工作实施上把重点放在加强标准化建设的过程上，不能重考评、轻建设，重结果、轻过程。要注重工作实效，真抓实干，防止走形式、走过场、做表面文章；防止强调客观、强调困难，敷衍拖延，止步不前。

（4）严格监管，加大投入。《规范》是强制性的安全生产行业标准，金属非金属矿山企业必须严格执行。各级安全监管部门要按照属地分级监管的原则，强化对标准化工作的监管，要制定切实可行的工作规则，规范标准化考评机构行为，加大对考评机构工作过程的监督。对于违反有关规定的考评机构和有关从业人员要依法予以处罚，为标准化考评工作创造良好的工作秩序。要本着服务与监管相结合的原则，加强对各类矿山企业开展标准化工作的指导。对于未按《规范》要求开展标准化的企业要及时纠正。对于不按规定开展标准化的企业要运用法律、经济、行政的手段督促其尽快启动实施。要加强对矿山企业安全费用提取的监督检查力度，促进矿山企业集中物力、财力，加大对安全标准化建设的投入，切实改善安全设施、设备和安全条件，提高安全管理水平。

3.4.2 金属非金属矿山行业安全标准化制度保障体系

金属非金属矿山行业安全标准化制度保障体系见表1-4。

表1-4 金属非金属矿山行业安全标准化制度保障体系

序号	制度名称	序号	制度名称
1	安全检查制度	18	明火作业审批制度
2	职业危害预防制度	10	消防器材管理制度
3	安全教育培训制度	20	逐级防火检查制度
4	安全生产事故管理制	21	仓库防火安全管理制度
5	重大危险源监控制度	22	火灾事故报告、调查处理制度
6	设备安全管理制度	23	放射源安全管理制度
7	安全生产档案管理制度	24	通风防尘管理制度
8	安全生产奖惩制度	25	粉尘测量管理制度
9	安全会议制度	26	环保工作管理制度
10	工伤事故统计报告制度	27	尾矿库安全管理制度
11	安全标志使用管理制度	28	尾矿库安全管理规定
12	安全防护用品管理制度	29	危险化学品安全管理制度
13	危险作业审批制度	30	重大事故隐患管理规定
14	特种作业人员管理制度	31	供电管理制度
15	提升钢丝绳管理制度	32	生产安全事故管理制度

序号	制　度　名　称	序号	制　度　名　称
16	消防管理制度	33	电气设备安全管理制度
17	易燃易爆危险物品管理制度	34	安全生产事故责任追究制度

3.5　食品加工行业安全标准化现状

为进一步夯实食品加工安全基础，建立健全安全管理长效机制，保证食品加工行业稳定发展，根据《国务院关于进一步加强安全生产工作的决定》（国发〔2004〕2号）的精神，特制定食品加工行业安全标准化方案，已加强企业安全生产管理规范化建设，提高企业安全管理水平，保障企业安全发展。

1. 任务要求

以党的十七大精神和科学发展观为指导，深入贯彻落实安全生产法律法规，坚持"安全第一、预防为主、综合治理"方针，紧紧围绕"隐患治理年"和"管理规范年"部署要求，坚持"严格标准、规范管理、突出重点、注重实效、分类指导、稳步推进"的原则，进一步强化企业安全生产主体责任落实，促进企业工作、管理、操作、行为、技术"五规范"，强化企业人员按安全标准和制度办事的意识，推动安全生产管理工作逐步向科学化、制度化、规范化、标准化方向迈进，使各类企业建立自我约束、不断完善的安全生产长效机制，提高企业本质安全程度和水平，打牢基层和基础工作。

2. 任务目标

引导和促进企业认真贯彻执行安全生产规范化、标准化标准，落实各项规章制度，让企业的每个员工从事的每项工作都按安全标准和制度办事。全面改进和加强企业内部的安全管理，不断改善安全生产条件，提高企业本质安全程度和水平，促进企业工作、管理、操作、行为、技术"五规范"，进而达到消除隐患，控制好危险源，消灭事故的目的。

3. 食品加工企业安全标准化考核评级办法（试行）

（1）为贯彻落实国务院和省政府关于开展安全标准化工作的要求，指导全省轻工业企业开展安全生产标准化活动，切实加强基层和基础工作，促进企业建立自我约束、持续改进的安全生产长效机制，制定本办法。

（2）本办法适用于全省轻工业各类相关企业。

（3）全省轻工业企业安全标准化考核评级，应当按照全省轻工业企业各分类安全标准化考核评级标准的要求，采用资料核对、抽查考核和现场查证的方法进行。其中：

基础管理考评部分，对人员抽查考核数量不少于现场（或在册）人数的10%；

设备设施安全考评部分，按设备设施及物品的拥有量（H）比例抽样（$H \leq 10$，抽100%；$10 < H \leq 100$，抽10台；$100 < H < 500$，抽10%；$500 \leq H \leq 1000$，抽50台；$H > 1000$，抽5%）；

（4）企业安全标准化考核得分以 1000 分为满分。

被考核企业的得分计算方法：

各项目实得分之和 × ［1000 ÷（1000 – 各空项分之和）］

项目实得分：抽样台数得分的算术平均值即为此项目的得分，如 A、B、C 三台同样的设备，分别得分 5 分、7 分、6 分，则项目总得分为：（5+7+6）/3=6 分。

否决项不符合，则此台设备不得分。

注：食品加工企业每条项得分按企业安全标准化汇总表所占分值计算。即汇总表所占分值 ×（检查得分 ÷ 100）=实际得分。

（5）安全标准化企业分为二个等级。

省级：安全生产标准化考核得分不少于 800 分；

市级：安全生产标准化考核得分不少于 650 分；

各空项分之和超过 300 分的，不得评为省级安全标准化企业。

（6）考核评级的程序。

按照企业安全标准化考核评级标准的要求，企业成立由主要负责人任组长，各相关职能部门以及工会参加的考评小组进行自评；

企业自评后，形成自评报告向承担安全标准化复评任务的机构（以下简称复评机构）提出复评申请；

复评机构收到企业的复评申请后，应按照企业安全生产标准化考核评级标准的要求进行复评，向企业和安全生产监督管理部门提交复评报告。符合相应等级安全标准化企业标准的，由安全生产监督管理部门核准；不符合的，由企业按照复评报告的要求进行整改；

安全标准化企业实行分级核准制。市级由复评机构报市级安全生产监督管理部门核准；省级由复评机构报市级安全生产监督管理部门审核同意后，由省安全生产监督管理局核准；

安全生产监督管理部门核准后，向企业颁发相应的证书和牌匾，并在有关媒体上予以公布；

（7）省级安全标准化企业的复评工作，由山东省轻工业安全管理协会承担。各市的复评机构由市级安全生产监督管理部门研究确定，并报省安全生产监督管局备案。

（8）安全标准化企业证书和牌匾有效期三年。在三年有效期内，企业发生生产安全事故，造成一次死亡 3 人以上（含 3 人）或累计死亡 5 人以上（含 5 人），以及造成较大社会影响的，由原核准部门撤销其安全标准化企业称号。

（9）安全标准化企业证书和牌匾的样式由省安全生产监督管理局统一规定。

（10）安全生产监督管理部门和各复评机构应严格按照企业安全标准化考核评级标准的要求进行核准和复评工作，确保企业安全标准化考核评级工作的质量。

省安全生产监督管理局和各市级安全生产监督管理部门对安全标准化企业定期组织监督抽查，并对抽查结果进行通报。

4. 食品加工企业安全标准化考核评级标准（试行）

5. 方法步骤

工商贸行业领域企业单位安全生产规范化创建工作坚持"企业全面负责、镇办

（开发区）督促落实、部门协调督导、上报审批验收"的工作机制，成熟一家（批），申报一家（批），验收一家（批）。具体工作分为企业创建申报、部门初审、上报审批验收三个步骤进行。

（1）企业创建申报。企业单位按照安全生产规范化、标准化创建考评标准，一条一条的对照落实，通过努力和自查自评，若年内达到规范化、标准化创建标准规定的某一等级档次规定的分值，可填写《食品加工企业安全标准化复评申请表》（见表1-5）和《食品加工企业安全标准化自评报告》（见表1-6），向县安监局提出审查验收申请，由县安监局组织审查组进行初审。在组织企业开展安全管理规范化、标准化创建工作中，各镇办、开发区、县直有关部门要加强对企业的指导服务，强化监管，督促企业落实整改，确保安全生产规范化、标准化建设取得实效。对不按时提出规范化、标准化创建审查验收申请的企业要重点加强督导，督促企业积极开展安全管理规范化、标准化创建工作，确保企业单位达到安全管理规范化、标准化创建标准。

（2）县安监局初审。县安监局对企业规范化、标准化建设情况进行初审，组织人员到企业进行现场检查，对照标准审查有关材料，上报上级安监部门进行审批验收。

（3）专家验收定级。由上级安监部门组织专家对上报的企业规范化、标准化建设材料及企业生产现场进行复评考核验收，并确定企业等级，形成《食品加工企业安全标准化复评报告》，如表1-7所示。

表1-5　食品加工企业安全标准化复评申请表

企业名称		法定代表人	
地　　址		邮　　编	
联 系 人		联系电话	
企业概况			
自评得分			
申请等级			
复评机构			
我单位已按《食品加工企业安全标准化考核评级标准》进行了自评，现申请复评，企业自评报告附后。 　　企业主要负责人签字： 　　　　　　　　　　　　　　　　　　　　　　　　（单位盖章） 　　　　　　　　　　　　　　　　　　　　　　　　年　月　日			

表 1-6　食品加工企业安全标准化自评报告

企业自评情况概况

表 1-7　食品加工企业安全标准化复评报告

复评情况概述
企业在安全生产标准化方面存在的主要问题及改进建议

复评结论
依据《食品加工制造企业安全生产标准化考核评级标准》和企业的申请，我单位对此企业安全生产标准化工作进行了复评，复评实得分为＿＿＿分，达到了＿＿＿级安全生产标准化企业标准。建议予以核准。   复评机构法定代表人签字：   年　月　日
    企业主要负责人签字：   （单位盖章） 年　月　日
市级安全生产监督管理部门意见：   （单位盖章） 年　月　日
省级安全生产监督管理部门意见：   （单位盖章） 年　月　日

6. 工作措施

（1）加强领导，落实责任。推进企业安全生产规范化、标准化管理建设活动，是做好安全生产工作的基础，是提高企业安全生产水平的重要途径，是建立安全生产长效管理机制的重要内容。各镇办、开发区、县直有关部门、各企业单位要充分认识开展安全生产管理达标活动的重要意义，切实加强领导，提高认识，统一思想，要把此项工作作为安全生产监管工作的重点工作切实抓紧抓好。要成立领导组织，科学制定切实可行的计划、方案，积极推进规范化、标准化建设工作。按照"属地管理、分级负责"和"谁主管、谁负责"的原则，各镇办、开发区负责本辖区内企业单位安全生产规范化、标准化建设工作。全县各级各部门单位要广泛宣传开展规范化、标准化建设工作的重要性、必要性，充分调动企业单位做好规范化、标准化建设工作的积极性，促进规范化、标准化建设工作的顺利进行。

（2）严格标准，狠抓落实。为使企业规范化、标准化建设工作取得实效，各单位要把规范化、标准化建设工作作为一项基础性工作，抓细、抓实、抓紧、抓到位。要严格按照标准要求，充分发挥示范引路的作用，树立典型、以点带面、层层推进。各镇办、开发区、县直有关部门要先期树立一批规范化、标准化建设"样板企业"、"样板车间"。同时结合实际，建立相应的激励机制，提高企业开展安全规范化、标准化建设工作的积极主动性。真正把国家现行有关安全生产的法律、法规、标准、规范的要求落实到具体生产工作上。要狠抓工作落实，促进规范化、标准化建设工作，严格督导本辖区、本系统内企业对照安全标准进行自查自评，查找问题隐患，落实整改措施，确保质量效果。并督促企业及时向相关部门提出验收申请，确保实现全县企业安全生产规范化、标准化建设的任务目标。

（3）多措并举，确保实效。开展安全生产规范化、标准化建设工作要做到四个结合：即要与深入贯彻安全生产法律法规相结合，使企业安全生产的行为符合安全生产法律的规范；要与开展"隐患治理年"相结合，深入开展排查治理事故隐患，深化安全生产专项整治，做到相互促进、相互深化；要与落实安全许可证制度和建设项目"三同时"工作相结合，严格市场准入机制，为开展安全生产规范化、标准化建设创造条件；要与执法检查相结合，以执法检查推动规范化、标准化建设。

（4）突出重点，分类监管。按评定的等级，对企业分类建立档案，将二级以上企业作为典型示范企业，积极发挥模范榜样作用。加强对评定为三级企业的安全生产监管力度，督促企业切实落实企业安全生产主体责任，加大安全投入，提高安全管理水平，对考评标准中存在的问题积极进行整改。对考评未达到三级的企业，并责令企业限期改正，对逾期不整改或整改后仍达不到三级的，将依法责令企业停产停业整顿。

（5）加强指导，强化管理。各镇办、开发区、县直有关部门、各企业单位要按照标准要求，认真组织实施。并按照实施方案加强对企业的督促和指导，保证规范化、标准化建设工作落实到位。各企业单位要及时向所辖镇办、开发区和县直主管部门报告本企业安全生产规范化、标准化管理达标工作开展情况，及时提出审查验收申请；各镇办、开发区、县直有关部门要认真审核企业上报材料，进行初审，并及时上报县安监部门组织评定；安全生产规范化、标准化建设工作，纳入各镇办安全生产年度目标责任制考核，以督查考核促进规范化、标准化建设工作各项任务的完成。

3.6 各行业安全标准化建设经验总结

3.6.1 制定明确的目标和实施方案

根据《国务院关于进一步加强安全生产工作的决定》（国发〔2004〕2号）和《关于开展建筑施工安全质量标准化工作的指导意见》（建质〔2005〕232号），制定我国建筑施工安全标准化的总体目标，各省、市、局分别制定具体目标和实施方案，由宏观到微观，逐层深入，各省、市、局之间相互学习、相互借鉴，动态调整既定目标，完善安全标准化实施方案，必须满足地域性和可行性，形成由上至下重视建筑施工安全标准化、执行安全标准化和实现安全标准化的良好局面。

3.6.2 确定科学合理可行的评级依据和等级

（1）考评依据：与建筑施工安全相关的法律、法规，如《中华人民共和国安全生产法》、《建筑工程安全生产监督管理工作导则》和《建筑安装工人安全技术操作规程》等；另外，包括建筑施工安全的相关行业标准，包括《施工企业安全生产评价标准》、《建设工程安全建立规程》和《建设工程文明施工标准》等，均可作为考评的依据。

（2）安全标准化达标等级：特级、一级、二级、三级四个类别。各省、市、局根据实际情况确定施工企业的达标率、晋级标准和评级方法，严格把关，加强责任主管部门的执法监督力度，公开透明，全国上下形成争当建筑施工安全标准化优质企业的良好氛围，颁发资质等级证书，并给予适当的物质、特惠或政策奖励。

食品加工行业安全标准化制度保障体系见表1-8。

表1-8 食品加工行业安全标准化制度保障体系

序号	制度名称	序号	制度名称
1	中华人民共和国食品安全法（全文）	16	《国务院关于加强食品等产品安全监督管理的特别规定》（国务院令第503号）
2	中华人民共和国农产品质量安全法	17	工业产品生产许可证试行条例
3	中华人民共和国农业法	18	突发公共卫生事件应急条例
4	中华人民共和国进出境动植物检疫法	19	粮食流通管理条例
5	中华人民共和国进出口商品检验法（修正）	20	中华人民共和国认证认可条例
6	中华人民共和国动物防疫法	21	散装食品卫生管理规范

续表 1-8

序号	制度名称	序号	制度名称
7	中华人民共和国消费者权益保护法	22	农业转基因生物安全管理条例
8	中华人民共和国产品质量法	23	粮食收购条例
9	中华人民共和国标准化法	24	中华人民共和国农药管理条例
10	中华人民共和国国境卫生检疫法	25	食盐专营办法
11	中华人民共和国渔业法	26	食盐加碘消除碘缺乏危害管理条例
12	食品安全法实施条例	27	学校卫生工作条例
13	流通环节食品安全监督管理办法	28	《中华人民共和国国境卫生检疫法》实施细则
14	食品流通许可证管理办法	29	兽药管理条例
15	生猪屠宰管理条例	30	各部门规章和工作文件等

3.6.3　明确安全标准化工作的实施步骤和达标考评程序

1. 实施步骤

（1）建筑施工企业安全初始状态评审；

（2）针对初始状态评审结果进行策划及风险分析；

（3）建筑施工安全标准化建设措施：包括对作业人员的安全教育培训、制度保障体系的制定、完善和编制等；

（4）建筑施工安全标准化方案的实施：包括施工企业自评、针对自评结果的改进措施，以及提高效果如何等。

安全标准化建设应严格按照以上步骤完成，并对每一步骤进行执行效率和效果的评估，同时与同行业的平均水平进行量化对比，优者发扬、劣者改进，形成建筑施工安全标准化步骤的透明化和规范化。

2. 考评程序

（1）建筑施工企业自评：包括安全标准化建设前的安全生产现状、标准化措施和效果、现存问题及应对策略，并提出与同行业的优势和差距，以利于进一步评级；

（2）向评级机构提出申请：要求申请书面化，并存档，内容包括对自评结果的总结汇报；

（3）评级机构受理并评级：成立考评小组，成员应包括相关监管部门负责人一名、施工安全专家两名、申请企业领导和安全负责人各一名、同行业安全技术代表一名，并由考评小组制定科学合理的考评计划；

（4）考评小组现场考核：由考评小组成员对施工现场安全情况进行实际考察，并对施工企业自评结果进行验证，检验是否真实可信，并编制现场考评报告。另外，将报告提交给施工企业和评级机构各一份，由考评机构进行评级并确定等级结果；

（5）发布评级结果并颁发资质证书：根据评级结果向施工企业颁发相应资质证书，并给予适当的物质、政策或特惠奖励。同时，接受有关监督部门、同行业及群众舆论性监督，对不符合要求的施工企业，吊销其资质证书，反之则可申请晋级，以此促进各建筑施工企业之间的相互交流和借鉴；

3.6.4　加强组织领导和技术支持

（1）组织领导：由国家安全生产管理总局宏观协调，各省安全管理局制定总体目标和规划方案，各市、局针对总目标和规划方案，结合本地区实际及建筑施工安全生产发展的现状，制定子目标和具体实施方案、应急措施等，具体工作落实到责任人，各司其责，相关监督管理部门应负责检查管理，动态调整计划目标和实施方案，使建筑施工安全生产实现标准化建设。

（2）技术支持：为顺利推进建筑施工安全标准化工作，组成由安全生产专家组有关专家、安全评级机构、安全标准化考核机构、安全工程师事务所组成的技术支持机构，并与高校科研院所等联合，负责安全标准化过程中的技术难题。

3.6.5　建立健全安全标准化制度保障体系

依据《中华人民共和国安全生产法》的规定，建立健全建筑施工安全生产制度保障体系，根据工程实际情况，定期修改、增删行业标准和部门规章，充分发挥其指导、约束和导向作用。针对施工过程中的新情况、新问题，组织高校科研机构及时制修订相关标准，以确保安全标准化制度保障体系的时效性、适用性和高效性，从而实现安全生产标准化建设。

3.6.6　重视建筑施工安全生产参与者的教育培训

纵观建筑施工安全生产的特点和人员构成，作业人员整体素质相对较低，农民工比例达到80%以上，项目参与者忽视安全管理，基于此，应重视项目各参与者的定期安全教育培训。项目部由上至下形成层级培训体系，管理人员定期接受培训，了解行业最新动态和潜在危险因素，并进行相应考试，以提高培训的效果。通过演讲、现场模拟、远程控制、知识竞赛等喜闻乐见的形式，管理人员对专业工种的负责人进行安全教育和培训，再由负责人对一线作业人员进行教育，尤其针对农民工及年龄较大的作业群体。

3.6.7　强化信息管理体系建设

随着现代信息技术的高速发展，通过电子信息技术与各行业的有机结合，极大提高了企业的运行及管理效率，由此应加强建筑施工安全生产的信息管理体系建设。各施工企业应建立施工项目安全管理信息系统，对已建项目的安全生产措施及应急预案、事故发生原因及机理、安全管理方案等进行电子存档，并以互联网为载体实现资源的共享，相互学习、相互完善。同时，通过数据挖掘技术、语义查询等前沿手段实现建筑施工安全生产信息的高效查询，以约束施工行为、控制安全事故、指导安全检查。因此，加大安全生产信息管理系统的投入是实现建筑施工安全标准化建设的重要技术保障。

4　建筑施工安全标准化工作的方向

"十二五"时期是全面建设小康社会的关键时期，是深化改革开放、加快经济发展方式转变的攻坚时期。随着国民经济的快速发展以及城镇化的高速推进，我国固定资产投资仍将快速增长。因此，"十二五"时期工程安全监管任务仍将艰巨而繁重。建筑施工安全标准化工作要结合"十二五"规划编制，针对存在的问题，认真分析查找原因，不断完善安全生产的法规制度，认真落实安全生产责任制，强化安全生产监管，加大安全生产投入，促进建筑安全生产形势的持续稳定好转。

基于此，住房城乡建设部提出建筑工程安全标准化工作开展的目标是：要通过在建筑施工企业及其施工现场推行标准化管理，实现企业市场行为的规范化、安全管理流程的程序化、场容场貌的秩序化和施工现场安全防护的标准化，促进企业建立运转有效的自我保障体系。

4.1　标准化建设的六项措施

全国各地建筑施工安全标准化的有序开展，主要依靠各地住房城乡建设主管部门的重视、相关制度的完善、工作考核的加强、科技投入的加大和安全培训教育的投入。

4.1.1　榜样引路，部门联合

在住房城乡建设部的要求下，各地住房城乡建设主管部门成立了由主管安全生产的领导任组长，各专业职能部门为成员的安全标准化工作领导小组。同时，各地区加大安全标准化工作的宣传力度。2005年8月，住房城乡建设部在青岛组织召开建筑施工安全标准化管理现场会后，许多地区都组织建筑安全管理人员到青岛学习观摩安全管理的先进经验，为推广建筑施工安全标准化工作提供了样板。2006年，住房城乡建设部与全国总工会联合下发《关于进一步改善建筑业农民工作业、生活环境，切实保障农民工职业健康的通知》，要求各地积极采取措施，进一步推进建筑施工人员的作业、生活环境标准化，提高建筑施工现场的安全生产管理水平。各地住房城乡建设主管部门在开展的建筑施工安全标准化工作中，得到工会等有关部门的大力支持，形成齐抓共管、协调配合的工作局面。

4.1.2　细化技术标准，完善保障制度

标准化建设过程中，各地住房城乡建设主管部门结合实际，制定相关的政策措施，为标准化工作的开展提供法规及制度保障。如浙江省为更好开展标准化工作，制定《建筑施工安全标准的实施意见》，从安全管理、文明施工、各类脚手架、模板工程、三宝四口、施工用电、物料提升机、外用电梯、塔吊、施工机具等涉及施工安全的主要环节作出详细的技术要求和检查规定，将 JGJ 59—99《建筑施工安全检查标准》中的具体规定进行细化和量化，并作为全省建筑施工安全标准化工地评审的依据，确保安全标准化工作落到实处。中国化学工程集团公司从本企业的安全

生产实际出发，制定了企业内部的安全标准化管理制度，形成了比较完善的安全生产管理保障体系，为企业开展安全标准化工作，提供了制度保障。

4.1.3 考核全面覆盖，打造样板工地

各地在推进建筑施工安全标准化工作中，通过加强考核，提高了企业做好此项工作的主动性和积极性。一是严格考核。陕西省结合本地开展创建文明工地和安全达标工地的经验，建立了严格的考核制度，对考核不合格的企业除通报批评外，并将其所施工的工地列入重点监管范围；二是考核覆盖全过程。上海市在开展的建筑施工安全标准化达标工地评选中，针对建筑行业特点，从工程发包到施工过程都有明确要求。如在工程发包阶段，招标人应在招标文件中要求投标人做出创建标准化工地的承诺，并将其作为评标条件之一。未按要求编制的招标文件，招标监管部门不予备案。办理工程安全监督手续时，要求建设单位提交此工程创建安全标准化工地的工作方案，否则不予审查；三是发挥典型引路的作用。黑龙江省选择一些安全生产管理基础工作好的工地，严格按照建筑施工安全标准化示范工地的要求，打造成样板工地，并及时召开由建设主管部门、施工企业、监理企业相关人员参加的标准化工地现场观摩会。通过样板先行、典型示范，全省逐步扩展安全标准化工地的范围，有力推动全省建筑施工安全标准化工作的开展。

4.1.4 加大科技投入，提高监管效能

各地住房城乡建设主管部门在推进建筑安全标准化工作中，注重加大科技投入，有力地促进建筑施工现场安全管理水平的提高。一是逐步实现安全防护设施标准化。北京市鼓励建筑施工企业积极采用工具化、定型化、装配化、标准化的安全防护设施，如工具式电梯井安全防护门、标准配电箱、具有企业特色的工地大门、标识标牌和安全通道等，不仅美观，而且便于安装，利于管理，还可以重复使用，避免了材料的浪费；二是运用信息技术提高监管能效。青岛市住房城乡建设部门结合本地实际，开发了建筑施工现场远程监控系统，此系统可同时对多个施工现场进行全过程、全方位的实时监控，可实现与施工现场的直接对话，及时发现施工现场存在问题，有针对性地进行指导和管理，持续改进现场管理。通过此系统实现监管方式的跨越，有效解决监管人员不足的问题，形成施工现场、施工企业和主管部门三位一体、高度联动、实时监控的有效管理体系。

4.1.5 注重教育培训，提高人员素质

各地住房城乡建设主管部门在推进建筑安全标准化工作中，通过加强安全教育培训，增强从业人员的安全生产意识，提高现场作业人员的安全生产技能，为建筑施工安全生产稳定好转奠定了坚实的基础。如北京市、重庆市、江西省等地先后制定出台了相关措施，要求企业在建筑施工现场建立业余学校，组织农民工在休息期间参加安全生产知识教育培训，提高农民工安全生产意识和安全技能。中国建筑股份有限公司制作了高处坠落、物体打击、机械伤害等8个方面的影像教材。施工人员进场三级安全教育中，通过观看安全教育片，直观地提醒教育施工人员在施工中

应注意的安全事项和避免不安全行为，以及发生事故的严重后果等。这种安全培训教育方式直观化、影像化、趣味化、知识化，效果十分明显，施工人员普遍乐于接受，达到了开展安全教育培训的预期目的。

4.1.6　引入信息化等现代管理理念，依靠科技进步推动工作开展

各地在开展安全标准化和改善农民工生产生活环境工作中，要引入办公标准化管理理念，强化标准化意识。依靠科技进步，进一步加强建筑安全生产信息化工作，提高管理水平，充分发挥现代信息技术传输快捷、资源共享等优势，充分利用远程监控系统，直接对现场工程质量、安全生产和农民工生产生活环境情况进行监控。进一步加大科技创新力度，尽快研发适应不同管理模式的工地现场管理软件，结合实际，解决安全生产中的实际问题，积极推广先进的安全装置和设施，预防和减少事故发生。

4.2　四项重点深化标准化建设

住房城乡建设部针对标准化建设过程中存在的几项问题，如有些地区对开展建筑施工安全标准化工作认识不够、态度不积极，有些地区工作开展不平衡，有些地区建设单位在发包过程中过分压低中标价格，致使施工单位缩减安全防护设施装备购置费用等，结合大庆油田优秀的安全管理经验，对各地下一步的安全标准化工作提出以下要求：

4.2.1　加强建筑施工企业安全文化建设

推进标准化建设过程中，住房城乡建设部要求各地住房城乡建设主管部门要指导企业建立符合实际情况的安全文化，培养企业职工在安全生产工作中的爱岗敬业精神，通过各种安全教育培训和其他措施，将法规要求、技术规范、操作规程、记录约束、岗位安全责任等融合于岗位生产活动的全过程，使各项安全生产管理制度固化于制，企业安全理念固化于心，安全生产基本设施、安全生产基本条件固化于形。

4.2.2　将人性关怀融入安全管理工作

住房城乡建设部要求各地住房城乡建设主管部门要督促企业坚持"以人为本"的原则，不仅要切实改善建筑工人特别是农民工的施工作业环境和生活条件，还要高度关注建筑工人特别是农民工的身体健康和心理健康，要为建筑工人特别是农民工提供更全面的安全生产保障和安全生产技能培训，切实提高建筑工人特别是农民工的安全生产自觉意识和安全生产技能。

4.2.3　指导督促建筑施工企业建立规范和标准

住房城乡建设部要求各地住房城乡建设主管部门督促企业建立覆盖安全生产各方面、贯穿企业经营管理全流程的安全标准化建设工作机制。企业要从基层开展"自下而上"的安全标准化建设，发动一线员工，集思广益，对自己的工作经验和优秀成果进行总结，凝练成标准，然后再与企业"自上而下"的标准化建设相结合，从

而使企业的各项标准更加符合实际，不断提高标准化建设水平。

4.2.4 鼓励倡导企业实行精细化、严密化管理

住房城乡建设部要求各地住房城乡建设主管部门要引导建筑施工企业开展精细化、严密化的管理，使企业针对安全生产活动中的每个环节、每个操作、每句话建立规范和标准，并指导每个员工都严格遵守规范，从而使企业的基础运作更加规范化和标准化。要求企业安全管理工作的运作有规定流程，有计划、审核、执行和回顾的过程，每个过程、每个操作都必须确认安全无误后才能进入下一过程，杜绝管理漏洞，使企业形成自上而下的积极引导与自下而上的自觉响应相结合的常态式安全管理模式。

5 建筑施工安全事故分析

5.1 建筑施工安全事故现状

5.1.1 建筑施工安全事故情况综述

2010年，全国共发生房屋市政工程安全事故627起、死亡772人，比去年同期事故起数减少57起、死亡人数减少30人，同比分别下降8.33%和3.74%。

2010年，全国有31个地区发生房屋市政工程安全事故，其中青海（9起、9人）、河南（6起、7人）、宁夏（5起、7人）、新疆建设兵团（2起、2人）等地区事故起数和死亡人数较少，江苏（49起、63人）、浙江（45起、45人）、上海（44起、45人）、广东（30起、43人）等地区事故起数和死亡人数较多。

2010年，全国有12个地区的事故起数和死亡人数同比下降，其中宁夏（起数下降50%、人数下降30%）、河南（起数下降45%、人数下降53%）、湖南（起数下降42%、人数下降49%）、安徽（起数下降34%、人数下降23%）等地区事故起数和死亡人数下降较大。有11个地区的事故起数和死亡人数同比上升，其中天津（起数上升56%、人数上升60%）、内蒙古（起数上升50%、人数上升75%）、黑龙江（起数上升44%、人数上升50%）、陕西（起数上升33%、人数上升36%）等地区事故起数和死亡人数上升较大。

"十一五"时期，全国房屋市政工程安全生产形势持续稳定好转。与2005年相比，2010年事故起数减少388起，死亡人数减少421人，分别下降38.23%和35.29%。多数地区安全生产状况好转，其中北京、河北、辽宁、黑龙江、福建、河南、广东、贵州、甘肃9个地区的事故起数下降50%以上，北京、河北、辽宁、黑龙江、河南、四川、甘肃7个地区的死亡人数下降50%以上；但仍有些地区安全生产状况不容乐观，如山西（上升225%）、内蒙古（上升71%）、天津（上升40%）、海南（上升25%）、吉林（上升22%）等地区的事故起数上升较大，山西（上升260%）、吉林（上升100%）、内蒙古（上升56%）、海南（上升25%）、江西（上升12%）等地区的死亡人数上升较大。

2008—2010年建筑施工安全事故起数情况和死亡人数情况见图1-4和图1-5。

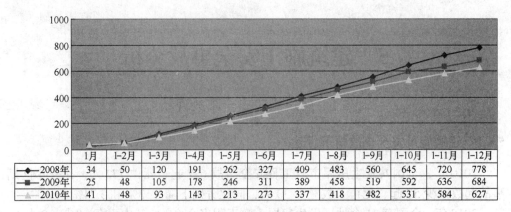

	1月	1—2月	1—3月	1—4月	1—5月	1—6月	1—7月	1—8月	1—9月	1—10月	1—11月	1—12月
2008年	34	50	120	191	262	327	409	483	560	645	720	778
2009年	25	48	105	178	246	311	389	458	519	592	636	684
2010年	41	48	93	143	213	273	337	418	482	531	584	627

图 1-4 2008—2010 年建筑施工安全事故起数情况

（引自中华人民共和国住房和城乡建设部）

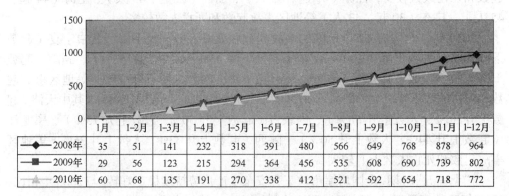

	1月	1—2月	1—3月	1—4月	1—5月	1—6月	1—7月	1—8月	1—9月	1—10月	1—11月	1—12月
2008年	35	51	141	232	318	391	480	566	649	768	878	964
2009年	29	56	123	215	294	364	456	535	608	690	739	802
2010年	60	68	135	191	270	338	412	521	592	654	718	772

图 1-5 2008—2010 年建筑施工安全事故死亡人数情况

（引自中华人民共和国住房和城乡建设部）

5.1.2 建筑施工较大及以上安全事故情况

2010 年，全国共发生房屋市政工程较大及以上安全事故 29 起、死亡 125 人，比去年同期事故起数增加 8 起、死亡人数增加 34 人，同比分别上升 38.10% 和 37.36%。

2010 年，全国有 15 个地区发生房屋市政工程较大及以上安全事故，其中江苏、四川各发生 4 起，辽宁发生 3 起，北京、河北、内蒙古、吉林、广东、贵州各发生 2 起，安徽、江西、湖北、湖南、云南、陕西各发生 1 起。尤其是吉林梅河口"8.16"事故、广东深圳"3.13"事故、贵州贵阳"3.14"事故、安徽芜湖"1.12"事故、云南昆明"1.3"事故、江苏南京"11.26"事故的死亡人数较多，给人民生命财产造成了极大损失。

"十一五"时期，房屋市政工程较大及以上安全事故得到较好控制。与 2005 年相比，2010 年事故起数减少 14 起，死亡人数减少 45 人，分别下降 32.56% 和 26.47%。"十一五"期间共发生 6 起重大事故，分别是 2008 年杭州地铁"11.15"事故（死亡 21 人）、2008 年湖南长沙"12.27"事故（死亡 18 人）、2008 年福建霞浦"10.30"事故（死亡 12 人）、2007 年江苏无锡"11.14"事故（死亡 11 人）、

2010 年吉林梅河口"8.16"事故（死亡 11 人）、2007 年辽宁本溪"6.21"事故（死亡 10 人）。"十一五"期间没有发生特大事故。

2008—2010 年较大及以上安全事故起数情况见图 1-6 和图 1-7。

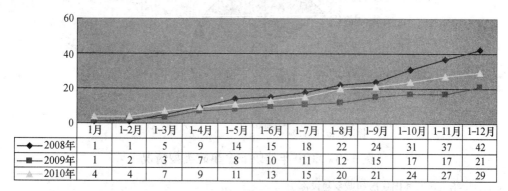

	1月	1-2月	1-3月	1-4月	1-5月	1-6月	1-7月	1-8月	1-9月	1-10月	1-11月	1-12月
2008年	1	1	5	9	14	15	18	22	24	31	37	42
2009年	1	2	3	7	8	10	11	12	15	17	17	21
2010年	4	4	7	9	11	13	15	20	21	24	27	29

图 1-6　2008—2010 年较大及以上安全事故起数情况

（引自中华人民共和国住房和城乡建设部）

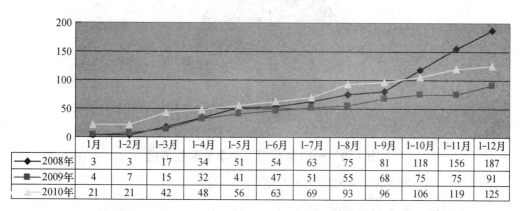

	1月	1-2月	1-3月	1-4月	1-5月	1-6月	1-7月	1-8月	1-9月	1-10月	1-11月	1-12月
2008年	3	3	17	34	51	54	63	75	81	118	156	187
2009年	4	7	15	32	41	47	51	55	68	75	75	91
2010年	21	21	42	48	56	63	69	93	96	106	119	125

图 1-7　2008—2010 年较大及以上安全事故死亡人数情况

（引自中华人民共和国住房和城乡建设部）

5.1.3　建筑施工安全事故类型和部位情况

2010 年，房屋市政工程安全事故按照类型划分，高处坠落事故 297 起，占总数的 47.37%；物体打击事故 105 起，占总数的 16.75%；坍塌事故 93 起，占总数的 14.83%；起重伤害事故 44 起，占总数的 7.02%；机具伤害事故 37 起，占总数的 5.90%；其他事故 51 起，占总数的 8.13%。

2010 年，房屋市政工程安全事故按照部位划分，洞口和临边事故 128 起，占总数的 20.41%；脚手架事故 78 起，占总数的 12.44%；塔吊事故 59 起，占总数的 9.41%；基坑事故 53 起，占总数的 8.45%；模板事故 47 起，占总数的 7.50%；其他事故 262 起，占总数的 41.79%。

2010 年建筑安全事故类型情况和部位情况见图 1-8 和图 1-9。

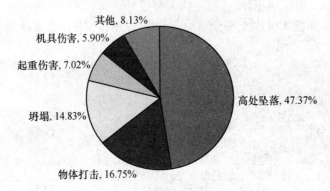

图 1-8　2010 年建筑安全事故类型情况

（引自中华人民共和国住房和城乡建设部）

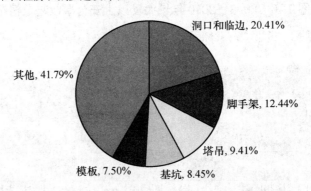

图 1-9　2010 年建筑安全事故部位情况

（引自中华人民共和国住房和城乡建设部）

5.1.4　建筑施工安全形势综述

2010 年，全国房屋市政工程安全形势总体稳定，事故起数和死亡人数比去年同期有所下降；有 12 个地区的事故起数和死亡人数同比下降；有 16 个地区没有发生较大及以上事故。但当前的安全形势依然严峻，事故起数和死亡人数仍然比较大；较大及以上事故起数和死亡人数出现反弹；部分地区的事故起数和死亡人数同比上升。另外，建筑市场活动中的各类不规范行为，以及生产安全事故查处不到位的情况，也给安全生产带来了极大挑战，使安全生产形势不容乐观。各地住房城乡建设部门要根据本地安全生产状况，认真反思、认真研究，对存在的问题采取切实有效的措施，将安全生产工作抓实抓好。特别是工作落后的地区，要尽快扭转被动的局面。

2011 年是"十二五"规划的开局之年，做好施工安全工作意义重大。各级住房城乡建设部门要按照全国建筑安全生产电视电话会议的部署安排，深化落实企业主体责任，强化安全执法监督检查，大力整顿规范建筑市场，切实加强安全事故查处，积极推进长效机制建设，进一步促进房屋市政工程安全生产形势的持续稳定好转。

5.2　典型建筑施工安全事故分析

5.2.1　深圳市汉京峰景苑工程坍塌事故

1. 事故描述

2010年3月13日下午15时30分，由深圳市南山区负责监管的汉京峰景苑2栋3号楼工程在搭设23层外脚手架悬挑防护棚过程中发生坍塌，造成9人死亡，1人受伤。

2. 事故原因

这起事故性质恶劣，在社会上造成较大的负面影响。这起事故是近六年来广东省死亡人数最多的一起建筑施工生产安全事故，也是2010年全国发生的一次死亡人数最多的建筑施工生产安全事故，引起了国务院安委办、住房和城乡建设部以及省委、省政府的高度重视，有关领导对事故调查处理作出了重要指示。

事故工程的建设单位是深圳市西格实业有限公司，施工总承包单位是中国建筑第二工程局第三建筑工程有限公司，劳务分包单位是唐山信达建筑科技工程有限公司，监理单位是深圳市招诚建设监理有限公司。该工程的项目经理是邵德军，总监理工程师是于广源。经调查，事故原因如下：一是在23层新设置的悬挑防护棚没有按照施工专项方案搭设；二是将悬挑防护棚当作临时卸料平台使用。事故发生时，坍塌部位站了11名施工作业人员并堆放了约800公斤用于防护棚铺设的木板，防护棚局部荷载过大，导致防护棚坍塌；三是悬挑防护棚所用的钢丝绳采用废旧产品，钢丝绳规格与施工专项方案要求不符，且钢丝绳连接形式、绳夹数量均不符合规范要求；四是高空作业的11名施工作业人员均没有佩戴安全带。

5.2.2　昆明市新机场配套引桥工程垮塌事故

1. 事故描述

2010年1月3日下午，昆明市新机场配套引桥工程在混凝土浇筑施工中发生支架垮塌事故。发生事故的施工作业面人员约41人，其中轻伤26人，重伤8人，死亡7人。

2. 事故原因

事故的直接原因是支架架体构造有缺陷，支架安装违反规范，且钢管扣件有质量问题，采用从箱梁高处向低处浇筑混凝土的方式违反规范规定，导致架体右上角翼板支架局部失稳，牵连架体整体坍塌。

事故的根本原因是由于参与项目建设及管理的云南建工市政建设有限公司、云南建工第五建设有限公司、吉林省松原市宁江区诚信劳务服务有限公司、云南城市监理有限公司、云南省昆明新机场建设指挥部等相关单位安全管理不到位、安全责任落实不到位，未认真履行支架验收程序，未对进入现场的脚手架及扣件进行检查与验收，发现支架搭设不规范等事故隐患后未及时采取措施进行整改，最终导致了事故的发生。

5.2.3 南京市快速内环西线南延工程高架桥钢箱梁倾覆事故

1. 事故描述

2010 年 11 月 26 日 20 时 30 分左右，中铁二十四局江苏公司在位于南京市雨花台区南京城市快速内环西线南延工程（纬八路至绕城公路）四标段 B17–18 钢箱梁上进行防撞墙施工时，钢箱梁突然发生整体倾覆，导致 7 名施工人员随钢箱梁一同坠落，造成 7 名施工人员全部死亡，桥下另有 3 人被抛洒物砸伤。

2. 事故原因

事故发生的主要原因是建筑施工过程中违反作业顺序、现场管理不到位。

事故发生的根本原因是未加强对在建重大建设工程项目的安全管理；未能做好冬季施工安全工作，从而防止因盲目赶工发生的安全事故；忽视行业主管部门安全监管职责和企业安全生产主体责任的进一步落实；缺乏对施工作业人员的安全教育和培训；由于信息资源的不对称性，缺乏应急职守经验，阻碍各类安全信息的有效传播。

5.2.4 南京市快速内环西线南延工程高架桥钢箱梁倾覆事故

1. 事故描述

2010 年 4 月 20 日，泰州市某建筑安装工程有限公司承建的高新区中试区标准厂房三期工程施工过程中，木工在拆除 A1 楼四层北侧外墙模板时，不慎从高处坠落。事故造成 1 人死亡，直接经济损失约 50 万元。

2. 事故原因

事故的直接原因是泰州市某建筑安装工程有限公司脚手架搭设不规范，A1 楼脚手架与墙体间距达到 60 厘米（相关标准规定不超过 30 厘米），脚手架上未铺设竹篱笆，未设置相应的安全防护措施，不符合安全生产条件；事故当事人安全意识淡薄，在未按要求系安全带，且无其他防护措施的情况下从事高处作业。

事故的间接原因是泰州市某建筑安装工程有限公司，作为工程施工方，未有效履行企业安全生产事故隐患排查治理主体责任，对施工现场开展有效的隐患排查治理并进行安全生产教育培训。未按要求对工程配备专职安全生产管理人员，以及为从业人员提供劳动防护用品，并督促教育从业人员正确佩戴和使用；靖江某建设工程监理有限公司，作为工程监理方，未有效审查施工组织设计中的安全技术措施并按要求认真履行其监理职责，发现工程存在安全隐患。未能有效督促施工单位实施整改并按要求采取责令停止施工等有力措施，以致默认施工单位继续在存在安全隐患的作业场所从事施工作业。

5.2.5 楚雄市住宅楼高空坠落事故

1. 事故描述

2002 年 10 月 20 日 13 点 30 分，由云南建工集团第十建筑有限公司楚雄经济经理部承建的云南大姚铜矿玛瑙园住宅楼 24 幢工程工地，发生一起高空坠落的重伤事故，造成 1 人死亡。

2. 事故原因

事故的直接原因是安全防护设施不完善，包括通道口与外架连接处未按规定每两层设一水平防护网，留下了 1.4m 见方的空隙；外架上仅放置两块水平木板，垂直方向未设护拦板。

事故的间接原因是安全责任制未落实、安全监管不严格；施工组组长未对施工现场进行认真检查，以采取切实可行的防护措施，并且未将安全生产放在首位，导致盲目指挥、冒险作业；当事人缺乏安全培训，安全意识淡薄，自我保护意识不强，未发现作业现场存在的隐患，从而采取有效的防护措施，造成严重违章。

5.3　建筑施工安全事故的原因分析及工作重点

总的来说，建筑施工安全事故的原因既有外部原因，也有内部原因。外部原因主要是外部约束机制不足导致施工企业的安全生产管理积极性不强，安全管理工作无法落实，内部原因则是管理手段上的落后，内部原因和外部原因相互影响、相互联系、共同作用。

为使深化建筑施工安全标准化工作顺利地有效开展，应重点做好以下几项工作：

一是深入落实企业主体责任。结合《关于进一步加强企业安全生产工作的通知》与《关于贯彻落实〈关于进一步加强企业安全生产工作的通知〉的实施意见》，提出三项重要的新制度：领导带班制度；重大隐患挂牌督办制度；生产安全事故查处督办制度。对于这三项制度，住房城乡建设部将制定具体办法，要求各地也要根据实际，制定具体的、可操作的办法。

二是强化监督检查，切实排除安全隐患。安全生产监督检查要做到四个结合：全面检查与重点检查相结合，既要加强全面监督检查，更要加强对重点项目、重点工程、安全形势不好的重点地区的监督检查；自查与抽查相结合，既要求企业基层加强对自身检查，又要组织力量对管辖地区的项目、工地进行抽查；经常性检查与集中专项检查相结合，既要组织经常性监督检查，又要专门组织力量，对突出问题、专项问题进行集中专项监督检查；明查与暗查相结合，既要有通知、有准备的监督检查，又要在不通知情况下暗查暗访，真正发现问题，真正排除安全隐患。

三是大力整顿规范建筑市场，严厉打击各种违法违规行为。要做到"三个加强、三个并重"，即加强执法监督检查，做到立法与执法监督检查并重；加强市场清出管理，做到市场准入管理与市场清出管理并重；加强资质资格审批后的后续管理、动态管理，做到资质资格审批管理与后续动态管理并重。

四是切实加强安全事故查处工作。事故查处是一项重要的基础性工作，对于发生事故的责任单位和责任人，如果不严肃查处，就不能起到事故警示教育的作用，不能起到奖罚分明的作用，不能起到优胜劣汰的作用，不能起到净化市场的作用。所以一定要高度重视事故查处工作，严肃查处每一起事故。如前所述，部分地方事故查处不严肃、不严厉，尤其是地方上报要求部里对企业资质、人员资格处罚的较少。这样企业和人员违法违规所付出的成本太低，不能起到警示惩戒的作用，因此继续不重视安全生产，继续发生事故，继续扰乱建筑市场。基于此，必须严格按照法律法规和相关文件的规定，对企业资质、安全生产许可证等进行处罚，该吊销的吊销，该降级的降级，该暂扣安全生产许可证的暂扣，该清出建筑市场的清出。对于注册人员，该吊销证书的吊销证书，该停止执业的停止执业。要让企业和注册人员真正感受到，一旦发生事故，所付出的成本和代价要远远高于违法违规所得，不仅要在经济上受到处罚，还要在资质资格上严厉罚处，直至被清出建筑市场，不得再从事建筑活动。今后，各地要将每一起较大及以上事故的处罚情况上报住房城乡建设部，质安司、市场司要对每一起较大及以上事故的处罚情况进行审查，看是否严格按有关规定进行处罚。

五是积极推进安全生产长效机制建设。建筑安全生产长效机制建设是基础性工作，有利于安全生产的长期稳定好转，必须高度重视。各地要结合"十二五"规划编制，统筹规划，全面加强建筑安全生产的基础工作。进一步完善建筑安全生产法律法规和标准规范。住房城乡建设部将制定和颁布《建筑施工企业主要负责人、项目负责人和专职安全生产管理人员安全生产考核管理规定》以及《建筑施工企业安全生产管理规范》等标准规范。要求各地结合本地区实际情况，进一步完善建筑安全生产的地方性法规和地方标准。另外，在全行业开展以严格执行法律法规、标准规范为重要内容的安全生产宣传教育活动，促进全社会重视、关注建筑安全生产。加强对企业"三类人员"和建筑施工特种作业人员的安全生产培训和考核，促使其熟练掌握关键岗位的安全技能。督促建筑施工企业加强对农民工的安全培训教育，切实提高他们的安全生产意识和技能。同时，要加强建筑安全监管机构和队伍建设。稳定安全监管队伍并进一步加强队伍建设，切实提高监管人员业务素质和依法监管水平。最后，要加大建筑安全生产费用的保障力度，增加安全生产投入，加强安全生产科技研究，充分运用高科技信息化手段，提高企业的安全生产能力和政府安全监管效能，全面提升建筑安全生产管理水平。

2011年"两会"的召开，以及工地陆续复工，建设项目全寿命周期内的质量安全监管任务很繁重，也十分重要。要求各地住房城乡建设部门紧紧绷住安全生产这根弦，牢牢抓住质量这条生命线，认真履行质量安全监管职责，不断加大质量安全监管力度。踏实工作，努力开创建筑施工质量安全工作的新局面，实现安全质量管理的标准化建设。

6　现状论述篇小结

　　本篇分析了建筑施工安全标准化建设的背景和意义，提出了标准化建设的目标，并且确定了课题研究的总体思路和研究方法。重点总结了国内外建筑施工安全标准化建设的现状和成果，包括建筑安全法律、法规和规范体系，以及国内外标准化建设试点地区的经验与成果，比较了国内外建筑施工安全标准化工作管理模式的异同，从而确定了我国建筑施工安全标准化建设的方向。以此为出发点，总结分析了典型建筑施工安全事故的原因及工作重点，从而对有效规避安全事故的发生具有一定的借鉴意义。

　　我国的法律、法规和规范虽已明确界定了全寿命周期内各单项工程、单位工程、分部工程及分项工程的安全操作规定，但由于管理者与作业人员的管理水平及资质等级跨度大、安全意识及法律意识淡薄、各种客观因素的影响等原因，施工现场安全事故频发，并且难以从根本上得到有效预防和解决，基于此，加强我国建筑施工安全标准化建设工作具有重要的现实意义，并且在安全管理中起到重要的组织和协调作用。

第二篇

基本理论篇

1 建筑施工安全标准化建设的相关概念

1. 建筑施工安全

建筑施工过程中，由于施工现场对安全生产重视度不足，以及施工现场露天高空作业多、多工种联合作业、人员流动大等特点，造成高空坠物、物体打击、触电、中毒和坍塌等安全事故的发生。

2. 标准

标准本身有两重含义：一是衡量事物的准则，例如技术标准、实践是检验真理的唯一标准等；二是其本身合乎准则，可供同类事物比较核对的事物，例如标准音、标准语、标准件等。由此可以看出，标准是规则与实物的有机体，是度量其他的事物和描述是否符合要求的尺度、标本或依据。其目的是使活动有序化，从而取得活动的最佳效益。其特征主要体现为具有法规和强制执行的性质，是一个庞杂的系统。

3. 标准化

为适应科学法则和合理组织生产的需要，在产品质量、品种规格、零部件通用等方面规定的技术标准，包含技术标准、管理模式和生产标准三个类型的标准。按GB—3935.1—83定义，是在经济、技术科学及管理等社会实践中，对重复性事物和概念，通过制定、发布和实施标准，达到统一，从而获得最佳秩序及社会效益。

4. 生产标准化

生产过程（活动）中按照准则组织实施各种物品的配置、工序安排、作业方式及检验处理程序和依据的一种生产方式。

5. 安全标准化

"安全标准化"的内涵是"企业在生产经营和管理过程中，要字句贯彻执行国家、地区和部门的安全生产法律、法规、规程、规章和标准，并将其内容细化，依据法律、法规、规程、规章和标准制定企业安全生产方面的规章、制度、规程、标准和方法，并在企业生产经营管理工作的全过程、全方位、全员中、全天候地切实得到贯彻实施，使企业的安全生产工作得到加强并持续改进，促进企业的本质安全水平不断提高，并且企业的人、机、环境始终处于和谐且最佳的安全状态下运行，进而保证和促进企业在安全的前提下健康快速发展"。

另外，《危险化学品从业单位安全标准化规范》第3.5条提出"安全标准化"的概念是"企业具有健全的安全生产责任制、安全生产规章制度和安全操作规程，各生产环节和相关岗位的安全工作，符合法律、法规、规章等规定，达到并保持规定的标准"。规范适用范围是"全国从事危险化学品生产、经营与存储活动的从业单位"。

"安全标准化"是在吸收、借鉴国内外先进安全管理理念的基础上，如发达国家HSE管理体系（health, safety, environment）、国内GB/TY28001认证体系（职业健康安全管理体系，国家于2001年12月19日正式发布）等，采用体系化的思想，遵循PDCA动态循环的运行模式，以风险管理为安全标准化的核心理念，强调企业安全生产工作的规范化、系统化、标准化，实现企业自主管理、政府部门监督的安全标准化管理模式，达到企业安全管理标准化、安全技术标准化、安全装备标准化、安全作业标准化及持续发展的目的，使企业的安全管理科学化、标准化并真正实现安全生产长效机制。

我国推行"安全标准化"体系，是一项适合中国国情的安全管理体系，它是一项政府行为，实施主体是企业，监管主体是安全生产监管部门。重点在矿山行业推行，并全面覆盖到建筑、商贸、交通运输、建筑施工等其他行业。检查考核由安监部门对企业进行，通过后授牌。此后，政府会将是否通过"安全标准化"考核作为各项行政许可的必备条件，为限制企业规范化最好安全管理工作，从而提高国家整体的企业安全管理水平，降低安全事故发生率。

6. 安全标准化工地建设

施工生产过程中，将各项标准、制度、规范落实到现场布置、施工方案的选择、资源的调配、工序安排、安全设施布设、防护措施的实施以及检验处置等各环节之中的管理活动过程。

7. 系统

系统是指由既相互作用又相互依赖的若干组成单元结合而成，具有特定功能的有机整体。由定义来看，系统有四层含义：系统是一个有机整体，是由若干个单元结合而成，各单元之间既有相互作用又相互依赖，组成的系统具有某种特定功能。

8. 系统工程

系统工程在系统可续结构体系中，属于工程技术类，它是一门新兴的学科。国内外许多学者对系统工程的含义进行了阐述，但由于学术界对系统工程含义的理解不尽相同，提出的系统工程科学定义也有一定文字上的差异，至今仍无统一说法。

1975年美国科学技术词典的论述为："系统工程师研究复杂系统设计的科学，此系统由多个密切联系的元素组成。设计此复杂系统时，应有明确的预定功能及目标，并协调各元素之间及元素与整体之间的有机关系，以使系统能从总体上达到最优目标。设计系统时，要同时考虑参与系统活动的人为因素及其作用。"

1977年日本学者秋山穰和西川智登将系统工程定义为："系统工程是为了将对象创造出来或者在改善时，最优并最有效地达到此对象的目的，根据系统的思考方法，将其作为系统而进行开发、设计、制造和运行的思考方法、步骤以及各种方法的综合性工程体系。"同年，三浦武雄认为，"系统工程的目的是研制一个系统，而系统不仅涉及工程学的领域，还涉及社会、经济和政治等领域，所以为适当解决这些领域的问题，除需要特定的纵向技术外，还要有一种技术从横向将其组织起来，这种横向技术就是系统工程"。

1978年我国著名学者钱学森提出："系统工程是组织管理系统规划、研究、设计、制造、试验和使用的科学方法，是一种对所有系统都具有普遍意义的科学方法。"这个定义，明确表述了三层意思：系统工程属于工程技术，主要是组织管理的技术，是解决工程活动全过程的工程技术，这种技术具有普遍的适用性。

综上所述，系统工程的研究对象是复杂的人工系统和复合系统，系统工程的内容是组织协调系统内部各要素的活动，使各要素为实现整体目标发挥适当作用。系统工程的目的是实现系统整体目标最优化，并且其学科性质是一门现代化的组织管理技术，是特殊的工程技术，是跨越许多学科的边缘科学。

9. 系统安全标准化管理

为实现安全生产的目标，组织系统中的人、机、环境等诸要素按照安全技术、安全管理和安全工作标准协调运作的工作。

系统安全标准化管理的实质就是对系统安全管理机制及体制全面实行安全技术性法制化管理。主要包括以下三个方面内容：

一是以控制事故隐患为直接目的，达到安全生产的总体目标。

二是按人、机、环境系统本质安全的要求制定安全技术标准、安全管理标准及安全工作标准。

三是组织人力、物力、财力，协调系统中各方面的关系，实行标准控制，保证目标的实施。

2 事故预防理论

2.1 事故预防理论的含义

安全管理工作应当以预防为主，即通过有效的管理和技术手段，防止人的不安全行为和物的不安全状态出现，从而使事故发生的概率降到最低，这就是预防原理。安全管理以预防为主，其基本出发点源自生产过程中的事故是能够预防的观点。除了自然灾害以外，凡是由于人类自身的活动而造成的危害，总有其产生的因果关系，探索事故的原因，采取有效的对策，原则上讲就能够预防事故的发生。由于预防是事前的工作，因此正确性和有效性就十分重要。

事故预防包括两个方面：第一，对重复性事故的预防，即对已发生事故的分析，寻求事故发生的原因及其相互关系，提出防范类似事故重复发生的措施，避免此类事故再次发生；第二，对预计可能出现事故的预防，此类事故预防主要只对可能将要发生的事故进行预测，即要查出由哪些危险因素组合，并对可能导致什么类型事故进行研究，模拟事故发生过程，提出消除危险因素的办法，避免事故发生。

2.2 国外事故预防理论的发展

为了探索建筑业伤亡事故有效的预防措施，首先必须深入了解和认识事故发生的原因。国外对事故致因理论的研究成果十分丰富，其研究领域属系统安全科学范畴，涉及自然科学、社会科学、人文科学等多个学科领域，应用系统论的观点和方法去研究系统的事故过程，分析事故致因和机理，研究事故的预防和控制策略，事故发生时的急救措施等。事故致因理论是系统安全科学的基石，也是分析我国建筑业事故多发原因的基础。

2.2.1 单因素理论

单因素理论的基本观点认为，事故是由一两个因素引起的，因素是指人或环境（物）的某种特性，其代表性理论主要有：事故倾向性理论、心理动力理论和社会环境理论。

1. 事故频发倾向性理论研究

1919 年英国的 Greenwood 和 WoodsH.H. 对许多工厂里的伤亡事故数据中的事故发生次数按不同的分布进行了统计。结果发现，工人中某些人较其他人更容易发生事故。从这种现象出发，1939 年 Farmer 等人提出事故频发倾向概念。所谓事故频发倾向，是指个人容易发生事故的、稳定的、个人的内在倾向。而具有事故频发倾向的人称为事故频发者，他们的存在被认为是工业事故发生的原因。1964 年海顿等人进一步证明易出事的个人事故倾向性是一种持久的、稳定的个性特征。关于事故频发者存在与否的争议持续了半个多世纪，其最大的弱点是过分强调了人的个性特征在事故中的影响，无视教育与培训在安全管理中的作用。近年来的许多研究结果已经证明，事故频发者并不存在，广泛的批评使这一理论受到排斥。

2. 心理动力理论的研究

此理论源于弗洛伊德的个性动力理论，认为工人受到伤害的主要原因是刺激所致。其假设是，事故本身是一种无意识的愿望或期望的结果，这种愿望或期望通过事故来象征性地得到满足。要避免事故，就要更改愿望满足的方式，或通过心理分析消除那些破坏性的愿望。这种理论因为无法证实某个特定的机会引起某个特定的事故而被认为是不可行的。

3. 社会环境理论的研究

这一理论 1957 年由科尔提出，又称"目标—灵活性—机警"理论，即一个人在其工作环境内可设置一个可达到的合理目标，并可具有选择、判断、决定等灵活性，而工作中的机警会避免事故，其基本观点是有益的工作环境能增进安全，认为工人来自社会和环境的压力会分散注意力而导致事故，这种压力包括：工作变更、更换领导、婚姻、死亡、生育、分离、疾病、噪声、照明不良、高温、过冷以及时间紧迫、上下催促等。但科尔没有说明每个因素与事故发生的关系，也没有给"机警"下一个定义，使其理论价值大打折扣。

2.2.2　事故因果链理论

事故因果链理论的基本观点是事故是由一连串因素以因果关系依次发生，就如链式反应的结果。该理论可用多米诺骨牌形象地描述事故及导致伤害的过程，其代表性理论有：Heinrich 事故因果连锁论、Frank Bird 的管理失误联锁论等。

1. Heinrich 事故因果连锁理论

20 世纪二三十年代，Heinrich 把当时美国工业安全实际经验进行总结、概括，上升为理论，提出了所谓的"工业安全公理"，在 1941 年出版了《工业事故的预防》一书，首先提出了著名的事故发生联锁反应图（图 2-1）。Heinrich 提出的分析伤亡事故过程的因果链理论（又称为多米诺骨牌理论）认为，伤亡事故是由五个要素按顺序发展的结果。社会环境和传统、人的失误、人的不安全行为和事件是导致事故的连锁原因，就像著名的多米诺骨牌一样，一旦第一张倒下，就会导致第二张、第三张直至第五张骨牌依次倒下，最终导致事故和相应的损失。Heinrich 同时还指出，控制事故发生的可能性及减少伤害和损失的关键环节在于消除人的不安全行为和物的不安全状态，即抽去第三张骨牌就有可能避免第四和第五张骨牌的倒下。只要消除了人的不安全行为或物的不安全状态，伤亡事故就不会发生，由此造成的人身伤害和经济损失也就无从谈起。这一理论从产生伊始就被广泛应用于安全生产工作之中，被奉为安全生产的经典理论，对后来的安全生产产生了巨大而深远的影响。施工现场要求每天工作开始前必须认真检查施工机具和施工材料，并且保证施工人员处于稳定的工作状态，正是这一原则在建筑业安全管理中的应用和体现。

他阐述了事故发生的因果连锁论，事故致因中的人与物的问题，事故发生频率与伤害严重度之间的关系，不安全行为的产生原因，安全管理工作与企业其他管理工作之间的关系，进行安全工作的基本责任，以及安全生产之间的关系等安全中最基本、最重要的问题。Heinrich用因果联锁链理论说明事故致因，虽然显得过于简单，且追究遗传因素等原因，反映了对工人的偏见，但其对事故发生因果等关系的描述方法和控制事故的关键在于打断事故因果连锁链中间一环的观点，对于事故调查和预防是很有帮助的。

2. Frank Bird 的管理失误理论

Heinrich 的事故因果联锁理论在学术界引起轰动，许多人对此理论进行改进研究，其中最成功的是 Frank Bird 提出的管理失误联锁理论。此理论不是过分地追求遗传因素，而是强调安全管理是事故联锁反应地最重要因素，是可能引起伤害事故地重要原因。他认为，尽管人的不安全行为和物的不安全状态是导致事故的重要原因，必须认真追究，却不过是其背后原因的征兆，是一种表面现象。他认为事故的根本原因是管理失误。管理失误主要表现在对导致事故的根本原因控制不足，也可以说是对危险源控制不足。

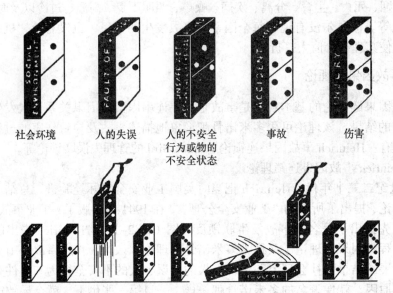

图 2-1　Heinrich 事故发生的联锁反应图

3. "4M" 理论

"4M" 理论将事故联锁反应理论中的 "深层原因" 进一步分析，将其归纳为四大因素，即人的因素（Man）、设备的因素（Machine）、作业的因素（Media）和管理的因素（Management），详见表 2-1。

结合 Heinrich、Frank Bird 以及 "4M" 理论事故链理论的研究成果，可以将事故联锁反应表示为五个前后衔接并有因果关系的不同因素，包括 "伤害"，即事故带来的各种损失，包括人员伤亡和经济损失；而导致 "伤害" 的原因是 "事故" 的发生，即人员与危险物体或环境相接触产生；而导致 "事故" 的原因是 "人的不安全行为和物的不安全状态"，即诱发事故的直接原因；再向前追溯到诱发事故的深层原因，即由 "人、设备、作业及管理的不良因素" 造成；归根到底导致事故发生的根本原因是"安全管理存在缺陷"。按照逻辑关系可以将事故联锁反应归纳为"安全管理缺陷"→（产生）→"深层原因"→（引发）→"直接原因"→（导致）→"事故"→（造成）→"伤害"（图2-2）。即：

　　伤害——生命、健康、经济上的损失；

　　事故——人员如危险物体或环境接触；

　　直接原因——人的不安全行为和物的不安全状态；

　　深层原因——人、设备及管理的不良因素；

　　根本原因——安全管理的缺陷。

表2-1　"4M"理论中事故原因的具体内容

人 （Man）	①心理的原因：忘却、烦恼、无意识行为、危险感觉、省略行为、臆测判断、错误等； ②生理的原因：疲劳、睡眠不足、身体机能障碍、疾病、年龄增长等； ③职业的原因：人际关系，领导能力、团队精神以及沟通能力等
设备 （Machine）	①机械、设备设计上的缺陷； ②机械、设备本身安全性考虑不足； ③机械、设备的安全操作规程或标准不健全； ④安全防护设备有缺陷； ⑤安全防护装备供给不足
作业 （Media）	①相关作业信息不切实际； ②作业姿势、动作的欠缺； ③作业方法的不切实际； ④不良的作业空间； ⑤不良的作业环境条件
管理 （Management）	①管理组织的欠缺； ②安全规程、手册的欠缺； ③不良的安全管理计划； ④安全教育与培训的不足； ⑤安全监督与指导不足； ⑥人员配置不够合理； ⑦不良的职业健康管理

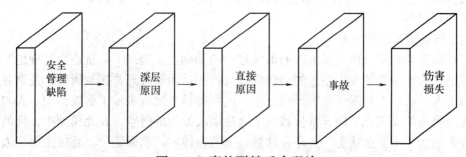

图2-2　事故联锁反应理论

2.2.3 多重因素——流行病学理论

所谓流行病学，是一门研究流行病的传染源、传播途径及预防的科学。它的研究内容与范围包括：研究传染病在人群中的分布，阐明传染病在特定时间、地点、条件下的流行规律，探讨病因与性质并估计患病的危险性，探索影响疾病流行的因素，拟定防疫措施等。1949 年葛登提出事故致因的流行病学理论。该理论认为，工伤事故与流行病的发生相似，与人员、设施及环境条件有关，有一定分布规律，往往集中在一定时间和地点发生。葛登主张，可以用流行病学方法研究事故原因，及研究当事人的特征（包括年龄、性别、生理、心理状况），环境特征（如工作的地理环境、社会状况、气候季节等）和媒介特征。他把"媒介"定义为促成事故的能量，即构成事故伤害的来源，如机械能、热能、电能和辐射能等。能量与流行病中媒介（病毒、细菌、毒物）一样都是事故或疾病的瞬间原因。其区别在于，疾病的媒介总是有害的，而能量在大多数情况下是有益的，是输出效能的动力。仅当能量逆流外泄于人体的偶然情况下，才是事故发生的源点和媒介。

采用流行病学的研究方法，事故的研究对象，不只是个体，更重视由个体组成的群体，特别是"敏感"人群。研究目的是探索危险因素与环境及当事人（人群）之间相互作用，从复杂的多重因素关系中，揭示事故发生及分布的规律，进而研究防范事故的措施。

这种理论比前述几种事故致因理论更具理论上的先进性。它明确承认原因因素间的关系特征，认为事故是由当事人群、环境与媒介等三类变量组中某些因素相互作用的结果，由此推动这三类因素的调查、统计与研究。该理论不足之处在于上述三类因素必须占有大量的内容，必须拥有足量的样本进行统计与评价，而在这些方面，该理论缺乏明确的指导。

2.2.4 系统理论

系统理论认为，研究事故原因，须运用系统论、控制论和信息论的方法，探索人—机—环境之间的相互作用、反馈和调整，辨识事故将要发生时系统的状态特性，特别是与人的感觉、记忆、理解和行为响应等有关的过程特性，从而分清事故的主次原因，使预防事故更为有效。通常用模型（图、符号或模拟法）表达，通过模型结构能表达各因素之间的相互作用与关系。较具代表性的系统理论有：轨迹交叉理论、瑟利的人的失误模型及其下属扩展、P 理论、能量释放理论、事故致因突变理论等。

1. 轨迹交叉理论

日本劳动省在分析大量事故的形成过程的基础上，提出了"轨迹交叉理论"。该理论认为，事故的发生是人的运动轨迹与物的运动轨迹异常接触所致，是物直接接触于人，或是人暴露于有害环境之中。这两类异常接触表示了事故类型。人与物两运动轨迹的交叉点（即异常接触点）就是事故发生的时空。在此模型中，物的原因被表示为"不安全状态"。存在这种状态的物体叫"起因物"，直接接触于人施以伤害的物体叫"施害物"。人的原因被表示为"不安全行为"。人的不安全行为与物的不安全状态是造成事故的直接原因。多数情况下，在直接原因的背后，往往存在着企业经营者、管理监督者在安全管理上的缺陷，这是造成事故的本质原因。因为发生事故，问题必定是发生事故的人或有关人员不知道、不会做或不去做，而所有这些问题本应该可以通过培训或管理监督来解决。就事故而言，问题的关键在于为什么会产生不安全状态和不安全行为，最重要的是研究管理者能否在事故前采取预防措施。上述问题不解决，事故势必还会重演。

2. 人的失误模型及其扩展研究

J. 瑟利于1969年提出S-O-R模型，对一个事故，瑟利模型考虑两组问题，每组问题共有三个心理学成分：对事件的感知（刺激，S）；对事件的理解（认知，O）；对事件的行为响应（输出，R）。第一组关系到危险的构成，以及与此危险相关的感觉的认识和行为的响应；第二组关系到危险放出期间若不能避免危险，则将产生伤害或损失。

3. P理论（扰动理论）

P理论是"扰动理论"的简称，扰动（perturbation）指外界影响的变化。人和机械（设备）有适应外界影响变化的能力，有响应外界影响的变化做出调节的能力，使过程在动态平稳状态中稳定地进行。但这种能力是有限度地。当外界影响的变化超过了行为者（人、机）的这种适应调节能力限度，就会破坏动态平衡过程，从而开始事故过程。Benner和Lawrence指出，用有限的几颗骨牌，只能反映事故不同层次原因间的连锁关系，而不能反映事故发生全过程。事故是由众多原因经历相当复杂的过程，包含许多串联或者并联的因果关系，包含多重中断或没有中断的发展过程。事故过程中的一个事件（如某一行为者相继受到伤害或损坏），可能导致下一个事件发生（如导致另一个行为者相继受到伤害或损坏），直到事故过程结束。这种把事故看作由扰动开始，相互关联的事件相继发生，直到伤害或损坏而结束的过程，就是P理论的观点。被称为"扰动"的外界影响的变化包括社会环境变化、自然环境变化、宏观经济或微观经济的变化、时间的变化、空间的变化、技术的变化、劳动组织的变化、人员的变化和操作规程的变化等。

4. 能量意外释放论的研究

能量在生产过程中是不可缺少的，人类利用能量做功以实现生产目的。人类为了利用能量做功，必须控制能量。在正常生产过程中，能量受到种种制约的限制，按照人们的意志流动、转换和作功。如果由于某种原因能量失去了控制，超越了人们设置的约束或限制而意外地逸出或释放，则称发生了事故，这种对事故发生机理的解释被称作能量释放论。美国矿山局的M.Zabetakis调查了大量伤亡事故后发现，大多数伤亡事故发生都是由于过量的能量或干扰人体与外界能量交换的危险物质的意外释放引起的，并且毫无例外地，这种过量的能量或危险物质的释放都是由于人的不安全行为或物的不安全状态引起的。即人的不安全行为或物的不安全状态破坏对能量或危险物质的控制，是导致能量或危险物质意外释放的直接原因。

1961年Gibson提出了"事故是一种不正常的或不希望的能量转移"的观点，1966年美国运输部国家安全局局长Haddon引申了这个观点，各种不同形式的能量是工业生产的重要动力，但一旦产生逆流，与人体接触，就可能导致伤害。Haddon认为，在一定条件下，某种形式的能量逆流于人体能否导致伤害，造成伤害事故，应取决于：人碰触能量的大小、接触时间与频率、力的集中程度。由此，他提出预防能量转移的安全技术措施可用屏障树（即防护体系）的理论加以阐明，并认为屏障设置越早，效果越好。目前屏障树理论在防止不希望的能量转移方面，已获得广泛应用。例如，运用限制运动、转动的速度，限制电压，限制浓度等来限制能量；用熔丝、接地、尖端放电等防止能量积蓄；用密封、绝缘、安全带等防止能量释放；用安全阀、减振装置、消声器等对能源设置屏障；用栏杆、防火门等在人与能源间设置屏障；用安全帽、防护靴、防毒面具等在被保护对象上设置屏障；用耐火材料、提高人员的生理心理素质等来提高承受能量的阈值。这些安全防护技术的成功运用，避免了大量伤害事故的发生。

总之，把伤害事故的原因归结为"不正常、不希望的能量转移"，简明客观。由此可针对一种能量的形式研究出通用的防护措施；按不同形式的能量区分事故模式，比惯用的统计分类更明了；对某种能量形式，可以清晰地评价其危险性并制定相应地预防措施；可以像分析系统能量传递那样追踪能源；使人们更加注重能量积蓄与释放的机理；提醒人们注意在生产建设过程中所有种类能量的使用变化与相互作用。问题是大多数伤害事故是由动能失控转移引起的，这给伤亡事故的统计分析带来困难。

5. 事故致因突变模型的研究

一些学者研究系统安全时引入突变理论，从而建立事故致因的突变模型。目前，突变理论应用到系统安全中，主要是尖点突变模型。事故致因的突变模型认为事故的发生是由于人的因素（人的心理与生理状态、安全意识、安全教育、管理水平、应变能力、身体素质等）共同作用的结果。把人的因素 H 和物的因素 M 作为两个控制变量，把生产能力或系统功能 F 作为状态参数。事故致因的突变模型较以往的事故致因理论有所改进，主要表现在它能解释系统连续变化过程中系统状态出现的突然变化。有关文献对用这一模型来描述灾变时系统状态变化进行了论证和可行性分析。

2.2.5 其他事故致因理论

1. Whittington 的失效理论

Whittington 等人将事故致因过程简化成为失效发生的过程，包括个体失效，现场管理失效，项目管理失效和政策失效。他们认为不明智的管理决策和不充分的管理控制是许多建筑事故发生的主要原因。

2. Reamer 的事故致因理论

Reamer 在他的建筑事故致因模型中（图 2-3）将事故的原因分成了直接原因和间接原因，但并没有指出两类原因之间的关系。方东平在对建筑安全事故致因进行简化的基础上，提出了直接原因可以完全被间接原因加以解释的假设（图 2-4）。

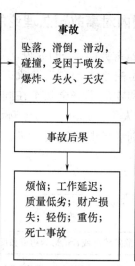

图 2-3　Reamer 的建筑事故致因模型

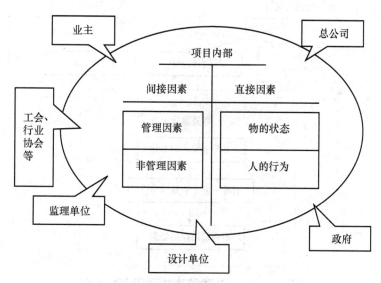

图 2-4　事故间接致因模型

（1）Steve 的建筑事故致因随机模型

Steve 从约束—反应的角度提出了建筑事故致因随机模型，并利用事故记录对模型的有效性进行了验证（图 2-5）。

（2）注意力分散模型

注意力分散模型认为，物理危险或工人精神不集中导致注意力分散是导致建筑事故发生的主要原因（图 2-6）。

2.3 国内对事故预防理论的探索

我国对事故预防理论的研究参考了国外的成果，大体上经历了基本相同的历程。早期的单因素理论，认为事故是由于人的过失造成；此后的双因素理论，认为事故的形成是由于人的不安全行为和物的不安全状态在同一时空相遇造成；发展到现在的三因素理论，其认为：工人（人）、机具（机）、环境构成了生产过程的硬件系统，为不断提高生产的安全能力，则需不断提高人、机、环境三者的安全品质匹配以及本质安全水平。

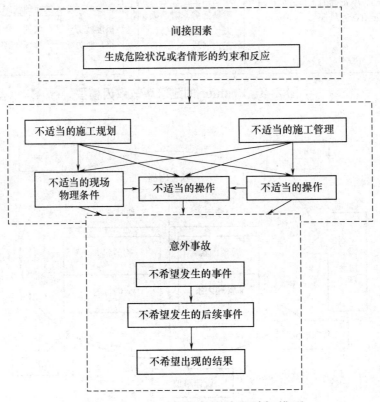

图 2-5　Suraji 建筑事故致因随机模型

2.4 基于事故预防的系统安全标准化管理

人、机、环境系统是硬件安全生产力，而硬件安全生产力的建设则依靠安全管理来实现。安全管理的任务是充分利用现有的技术经济条件，建设具有最佳品质的人、机、环境本质安全的生产系统，实现安全生产的良性循环。

基于此，研究事故预防理论的基本原理和预防原则，贯穿整个安全事故发生链采取有效的预防措施，阻断事故发生的联锁反应。总结类似事故的发生原因、机理、环境因素，指导建设项目施工，提前发现问题、解决问题，避免事故发生或尽量减少事故损失，并根据其发生概率的大小，对已识别的每个安全事故关键环节采取相应的预防策略，进行系统安全标准化管理。

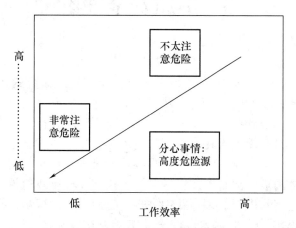

图 2-6 精神分散理论在危险环境中的应用

3 本质安全理论

3.1 本质安全的由来

本质安全从 20 世纪 90 年代开始逐渐成为安全管理研究的热点问题，有学者认为它是一种全新的安全理念，将会从根本上改变人类在事故处理和预防上的被动局面。但任何新技术、新思想并非凭空创造，而是以现有技术或思想为基石，因此本质安全思想的出现反映人类在事故预防技术和思想上的脆弱性以及对安全性的渴求。面对着频繁发生的空难、海难、矿难以及大量难以预测和预防的自然灾害，如地震、海啸、山体滑坡、泥石流及雪崩等，为找到一种有效途径，从而预防甚至是杜绝事故，相关学者在安全管理实践中进行广泛而深入的探索，提出了大量事故成因理论，如人为失误论、骨牌论、综合论等等，试图从源头入手，对事故进行预防和治理。

本质安全概念的提出距今已过半个世纪，最初此概念源于 20 世纪 50 年代世界宇航技术界，主要是指电气系统具备防止可能导致可燃物质燃烧所需能量释放的安全性。本质安全概念明确提出之前，就有与此概念非常接近的概念，也就是所谓"可靠性"。如美国航空委员会在 1939 年提出飞机事故率的概念和要求，这有可能是最早的可靠性概念；1944 年纳粹德国试制 V–2 火箭时提出了最早有关系统可靠性概念，即火箭可靠度是所有元器件可靠度的乘积。

国内本质安全研究开展的并不晚，其前身是 20 世纪 50 年代关于电子产品的可靠性研究，但在学术上明确提出本质安全概念应该在 20 世纪 90 年代，此后本质安全研究迅速增加，有大量学术论文发表，其中有相当数量是针对本质安全定义的，几乎在每个研究本质安全的行业都有自己对本质安全含义的界定。

3.2 本质安全的含义

目前，国内对于本质安全的含义并没有形成统一认识。在外文文献中，与本质安全含义相近的词只有三个，如"Intrinsic safety"、"Inherent safety"和"Essential safety"。英文词典中"Intrinsic safety"作为一个固定词组使用，表示"原有安全度"，近似于我们所谓的"本质安全"。另外，中文中"本质"具有"原有"的含义。综合考虑这些因素，将"本质安全"译为"Intrinsic safety"。

与英文表达"本质安全"的三个词组不同，中文表达"本质安全"只有一个词组，但这并不意味着国内在此项研究中已经形成共识。整理和收集国内相关行业对本质安全的定义发现，虽然使用相同的词组，但不同行业所提的本质安全范畴却各不相同，甚至相去甚远，导致多种误解。目前国内比较重视本质安全研究的几个行业，如交通、电力、石油、煤炭和建筑业等，都给出了具有代表性的本质安全定义：

我国交通体系中，本质安全理论认为由于受生活环境、作业环境和社会环境的影响，人的自由度增大，可靠性比机械差，因此要实现交通安全，必须具有某种即使存在人为失误的情况下也能确保人身及财产安全的机制和物质条件，使之达到"本质的安全化"。

我国电力行业中，将本质安全界定为：本质安全可以分解为两大目标，即"零工时损失、零责任事故、零安全违章"的长远目标及"人、设备、环境和谐统一"的终极目标。

我国石油行业对本质安全最具有代表性的定义是：所谓本质安全是指通过追求人、机、环境的和谐统一，实现系统无缺陷、管理无漏洞、设备无故障。

我国煤炭行业中所谓的"本质安全"，是指安全管理理念的变化，即煤炭发生事故具有偶然性，不发生事故则具有必然性，这就是"本质安全"。

我国建筑行业对本质安全定义为：在一定的技术经济条件下，生产系统具有完善的安全防护功能，系统本身及运行过程中具有可靠的质量，通过追求人、物、环境、制度在安全问题上的和谐统一，实现系统无缺陷、管理无漏洞、安全无事故的持久性安全目标。

上述关于本质安全的定义均从系统自身及其构成要素的零缺陷上来阐述本质安全，对于技术系统适用。由于技术系统的构成元素之间是线性关系，系统的本质安全性等于所有元器件本质安全性的乘积，只要能保证所有元器件的本质安全性，整个技术系统就具有本质安全性。但各行业所涉及的系统不是单纯的技术系统，而是复杂的社会技术系统，是由其构成要素（人、物、信息、文化）通过复杂的交互作用形成的有机整体，系统具有自组织性，系统构成要素为非线性关系，构成系统的要素是一种智能体，从客观角度看，这些智能体无法达到本质安全性。对于智能体来说，安全性本身具有相对性，将随着时代发展和技术进步而不断得到提升。虽然复杂社会技术系统的构成要素永远达不到本质安全性要求，但这并不意味着整体系统无法达到本质安全性。应该强调，对于复杂的社会技术系统，其本质安全性并不代表系统的构成要素具有本质安全性，由于系统及其构成要素都具有一定的容错性和自组织性，只要在保证系统构成要素相对可靠的条件下，完全可以通过系统的和谐交互机制实现系统的本质安全性。

由此可见，上述关于本质安全的定义，从客观上说还停留在本质安全的表层含义，即所谓的外在本质安全，虽然也提到系统和谐、系统可靠性、人的观念变化、人的自由度、事故超前预防等，但并没有触及本质安全的核心内容，即本质安全的和谐交互性，实现系统本质安全主要是通过微观层面的和谐交互以达到系统整体的和谐，本质安全形成应该由外而内，最终通过文化交互的和谐性达到系统的内在本质安全性。

根据交互式安全管理理论，社会技术系统事故正是成因于其内外部交互作用的不和谐性。因此我们针对以上定义的缺陷，可以从系统的交互机制入手来定义本质安全。所谓本质安全是指运用组织架构设计、技术、管理、规范及文化等手段在保障人、物及环境的可靠前提下，通过合理配置系统在运行过程中的基本交互作用、规范交互作用及文化交互作用的耦合关系，实现系统的内外在和谐性，从而达到设备可靠、管理全面、系统安全及安全文化深入人心，最终实现对可控事故的长效预防。

由此定义可见，系统本质安全的实现具有前提条件。首先，系统必须具备内在可靠性，即要达到内在安全性，能够抵抗一定的系统性扰动，从而应付系统内部交互作用波动引起的内部不和谐性；其次，系统能够适应环境变化引起的环境性扰动，即要具备抵御系统与外部交互作用的不和谐能力；第三，本质安全必须能够合理配置系统内外部交互作用的耦合关系，实现系统和谐，这将涉及技术创新、制度规范、法律完善、文化建设等方面；第四，本质安全概念体现了事故成因的整体交互机制，因此事故预防应该从系统整体入手，最终实现全方位的系统安全。由此可见，本质安全是一个动态演化的概念，也是具有一定相对性的概念，它将随着技术进步、管理创新而演化，并且它是安全管理的终极目标，可实现对可控事故的长效预防。其主要措施是理顺系统内外部交互关系，提高系统的和谐性，并以事故的超前管理为实现方式，从源头上预防事故。

现代本质安全的含义已经扩大化，按照事故形成与发生的原理，结合系统工程理论，事故发生可以表述为如下等式：

人的不安全行为＋物的不安全状态＋作业环境的刺激＋管理的薄弱＝事故的发生

因此现代本质安全理论在一定的技术经济条件下，生产系统具有完善的安全防护功能，系统本身具有相当可靠的质量，系统运行中同样具有相当可靠的质量，要求人、设备、环境必须具备相当可靠的质量。将其分为运行本质安全、设备本质安全、人员本质安全、环境本质安全、管理本质安全等。运行本质安全指设备的运行正常、稳定，并且始终处于受控状态；设备本质安全是指设备在设计和制造环节上都要考虑使其具有较完善的防护功能，以确保设备和系统能够在规定的运转周期内安全、稳定、正常地运行；人员本质安全是指作业者完全具有适应生产系统要求的生理、心理条件，具有在生产全过程中较好控制各种环节安全运行的能力，具有正确处理系统内各种故障及意外情况的能力；环境本质安全是指与生产作业有关的空间环境、时间环境、物理化学环境、自然环境和作业现场环境等要符合各种规章制度和标准；管理本质安全是指管理主体对管理客体实施控制，使其符合安全生产规范，达到安全生产的目的。基于此，安全管理必须从传统的问题发生型管理模式逐渐转向现代的问题发现型管理模式。

3.3　基于本质安全的系统安全标准化管理

建筑施工安全生产的特点决定了安全管理的复杂性、多变性和不可预见性，基于此，为有效控制施工安全事故发生、规避事故的经济损失和人员伤亡，应用本质安全理论，实现安全系统本身及运行过程中的可靠性。通过研究安全事故的形成与发生机理，通过高效的安全管理，加强对人的不安全行为、物的不安全状态和作业环境的标准化管理，追求人、物、环境、制度在安全问题上的和谐统一，实现系统无缺陷、管理无漏洞、安全无事故的持久性安全目标。

以事故致因理论为基础，明确建筑施工安全事故的发生链，并将其各关键环节逐层分解，形成安全事故的故障树分析。同时，将故障树分析中的安全控制点一一映射到本质安全理论的四类诱因，即人的不安全行为、物的不安全状态、作业环境的刺激和管理的薄弱，从而针对每类诱因制定配套的预防措施和应急策略，真正实现建筑施工系统安全的标准化管理。

4　戴明管理理论

戴明管理理论反映了安全管理的全面性，说明了安全管理与改善并非个别部门的责任，而需要最高管理层领导的推动方可奏效。戴明管理理论的核心可以概括为：

- 高层管理的决心和参与；
- 群策群力的团队精神；
- 通过教育提高安全意识；
- 安全改良的技术训练；
- 制定衡量安全的尺度标准；
- 对安全成本的分析及认识；
- 不断改进活动；
- 各级员工的参与；

4.1　持续改进思想

4.1.1　持续改进思想的概念

持续改进（Continuous improvment）表明改进是伴随着问题产生和变化的动态过程，因此当前的改进方法只是最适合当前情况的方法，并不一定是最好的改进方法。波尔认为：持续改进是一种全公司广泛参与并对现有行为进行的逐渐式改变过程，此过程是有计划、有组织的系统性过程。基于此，总结持续改进具有以下特点：计划性、组织性、系统性、全员性。并且持续改进包括如下几个环节：查找问题、提供改进措施、实施改进和检查反馈。

项目管理中多方面都包括持续改进，以风险管理为例，持续风险管理流程主要是来源于卡耐基梅隆大学软件工程研究所的"持续风险管理指南"（CRM），在项目风险管理领域被称为项目风险能力成熟度模型（RMMM），这个框架基于成熟程度、文化和组织的其他相关属性，由一系列与项目相关风险的流程、方法和工具组成，并为风险管理提供一个主动管理的合理环境。其主要针对：一是对可能会出现错误的部分持续评估；二是决定哪类风险最重要，并且进行重要程度描述；三是实施处理风险的战略。这种基于过程的方法与传统基于事件的风险管理方法明显不同，后者是待风险事件发生后，采取措施阻止其再次发生。相反，持续改进的风险管理具有以下优点：一是能够在问题发生前预防；二是改进产品质量；三是使资源利用最优化；四是增进团队合作；五是为投资决策设立预期目标，并提供解决方案。

4.1.2　持续改进思想的发展

安全管理是项目管理的主要部分，其目的是追求积极活动的最大化和不利活动的最小化。20 世纪 90 年代中期以来，持续改进思想被引入到项目安全管理，这与国际标准化组织 ISO9000 标准和美国 Garnegie Mellon 大学软件工程研究所（SEI）的能力成熟度模型（CMM）的贡献密切相关。二者对于项目管理不仅体现标准方面、更体现管理思想和原则方面的意义，比如 ISO9000 提出管理的八项原则，CMM 提出 5 个层次的持续改进。但二者的基础各不相同，前者是确定一个安全体系的最低要求，而后者强调持续的过程改进。尽管 ISO/DIS9000：2000 版也增加了持续改进原则，但仍属于单一层次的标准，而 CMM 模型分为 5 个等级，适用范围更加广泛。CMM 将管理内容定义为若干关键过程任务，并设立初始化、可重复性的管理工作、识别组织基本能力的管理工作、确立企业竞争力的管理工作，通过持续改进方法提高企业竞争力和管理能力。目前来看，引入持续改进的项目安全管理基本原则，在 ISO/DIS9000：2000 的基础上，充分利用 CMM 持续改进方面的优势，建立起一套规范化且能持续改进的过程和安全管理循环，不断提高安全管理的质量和效率。

4.1.3　持续改进思想的应用

1989 年，瓦特·哈姆菲瑞所著的《管理软件过程》中描述了早期的 CMM（能力成熟度模型），提出了持续改进思想。CMM 提出 5 个层次的持续改进，描述安全和过程管理并强调持续的过程改进。CMM 模型的 5 个层次如下：

（1）原始的：这一成熟水平的组织，其软件开发过程是临时的，甚至是混乱的，没有几个过程被定义，常靠个人努力而取得成功；

（2）可重复的：这一成熟水平的组织建立了基本的项目管理过程来跟踪软件项目的成本、进度和功能；

（3）被定义的：这一成熟水平的组织，管理活动和软件工程活动的过程被文档化、标准化，并被集成到组织标准软件的过程中，所有项目都采用经批准的、特制的标准过程版本；

（4）被管理的：这一成熟水平的组织，收集软件过程和产品安全的详细措施，软件过程和产品都被定量的掌握和控制；

（5）优化的：处于这一成熟度模型的最高水平，组织能够运用从过程、创意和技术中得到的定量反馈，对软件开发过程进行持续改进。

4.2　PDCA 循环

4.2.1　PDCA 循环模式简介

PDCA 循环是由美国安全质量管理先驱戴明提出的一个管理概念，利用"计划（Plan）——实施（Do）——检查（Check）——总结（Action）"循环来满足客户的安全质量要求。此概念源自于按客户要求开发新产品，也称"戴明循环"。也就是说，做一切工作或任何事情都必须经过四个阶段不停地周而复始地运转，四个阶段（图 2-7）如下：

（1）P 阶段（计划阶段）：制定实施目标的具体措施，根据要求和组织的方针，为提供结果建立必要的目标和过程；

（2）D 阶段（实施阶段）：按指定的对策计划和措施具体组织实施并严格执行；

（3）C 阶段（检查阶段）：根据方针、目标和产品要求，检查进度和实际执行的效果是否达到目标要求，并对过程和产品进行监视和测量，再报告结果；

（4）A 阶段（总结阶段）：总结经验，巩固成绩，将遗留问题转入下一个循环，采取措施，以持续改进过程业绩；

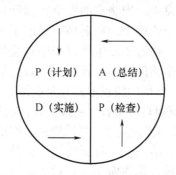

图 2-7　PDCA 循环模型示意图

4.2.2　PDCA 循环的基本内涵

P 阶段（计划阶段），制定实施目标的具体措施，具体要分析目标现状、找出存在的问题。分析产生问题的原因，找出影响问题的主要原因，并制定对策计划和改进措施。其基本内容可简单概括为：做什么（What to do it）、为什么做（Why to do it）、何时做（When to do it）、何地做（Where to do it）、谁去做（Who to do it）和怎么做（How to do it），简称"6W"。在建筑施工安全管理计划上，首先要对目标现状进行分析，从施工企业的安全生产形势和安全生产状况着手，查找遗忘的一些安全问题，分析问题产生的原因，科学论证，周密检查，为制定施工安全管理目标提供依据；其次确定切实可行的安全管理目标，依据国家和地方政府的法律法规，结合前期的现状分析情况，采用科学的目标预测方法。根据需要和可能，采取系统分析的方法，确定合适的目标值，绘制目标管理图。目标确定后，就成为施工企业此时期安全管理工作的主体。目标主要有两种类型：一类是结果性目标，如工伤事故的次数和伤亡程度指标、安全投入指标、安全效益指标等。另一类是过程性目标，即用于强化安全过程管理的指标，如新进工人"三级教育"率、主要生产专业工种安全培训率、班组"三标"达标率等；再次根据安全目标的要求制定实施方法及具体的考核标准和奖惩办法，考核标准不仅应规定目标值，而且要将目标值分解为若干的具体要求。做到有具体的保证措施，并力求量化，包括组织技术措施、目标程序和时间、目标负责人及安全目标责任承诺书。

D 阶段（实施阶段），按指定的对策计划和措施具体地组织实施和严格执行。计划已定（P 阶段制定的计划），标准明确，施工企业各有关部门和个人应层层落实，逐级落实，按照既定的计划和进度，落实安全措施，实现施工生产安全。经过一个阶段实施后，计划总目标负责人应召集各分目标负责人，分析和汇总各部门的实施情况，以便对安全措施落实情况和下一阶段的实施进度进行分析、协调和修正。在此，计划总目标负责人应将具体工作交给员工，将员工的积极性和责任感充分调动起来，如果"事必躬亲"，既违背了"安全生产、人人有责"和"安全工作需要全员参与"的原则，也不可能达到既定的效果。

C 阶段（检查阶段），根据已制定的措施计划、检查进度和实际执行的效果是否达到目标要求，目的在于通过安全检查对建筑施工中的不安全因素进行预测、预防，以便及时消除物的不安全状态、人的不安全行为和潜在的职业危害，从而采取有效措施，防止各类事故的发生。当制定的安全目标计划进行一段时间后，企业各部门、各单位均针对自身安全管理中的薄弱环节采取了相应的整改措施，并取得了初步成效。但最终结果如何，还需要在生产过程中检验和确认，相关部门及负责人应及时对计划实施情况进行全面的检查和评估，检查评估的内容一般包括：安全计划的实施程度和完成效果等。常用的检查形式有企业领导层组织的检查、领导与群众相结合的检查、专业检查、班组自我检查。通过检查，能及时了解所制定的措施计划进度和执行情况，同时也能及时发现问题、排除隐患、纠正偏差，避免造成严重后果。

A 阶段（总结阶段），总结经验，巩固成绩，它是 PDCA 循环的关键环节，也是安全水平改进及提高的基础。具体做法是：对实施情况检查评估后，计划总目标负责人（安全管理总负责人）召集与安全相关的所有单位或部门负责人对整个实施过程进行全面、系统的讨论、汇总和总结，将成功经验加以肯定，并纳入有关的标准、规定和制度，以便其他目标实施时有所遵循。将失败的教训进行总结整理，记录在案，作为前车之鉴，以防以后再次发生，并将遗留问题转入下一个循环。通过不断的循环实现各个目标，使安全问题得到解决，从而形成安全管理水平不断提高、不断改进的螺旋式上升态势。

4.2.3　PDCA 循环的特点

PDCA 循环有以下 5 个明显特点：

1. 周而复始的闭环过程

PDCA 循环的四个过程不是运行一次就完结，而是周而复始地进行。一个循环结束，解决了部分问题，可能还存在未解决的问题，或是出现新问题，再进行下一个 PDCA 循环，依此类推。PDCA 循环是资源由输入转化为输出的活动或一组活动的一个过程，必须形成闭环管理，四个阶段缺一不可，如图 2-8 所示。

2. 大环带小环

类似行星轮系，一个公司或组织的整体运行体系与其内部各子体系的关系是大环带小环的有机逻辑组合体。各级管理都有一个 PDCA 循环，形成一个大环套小环、一环扣一环、互相制约、互为补充的有机整体，如图 2-9 所示。PDCA 循环中，上一级循环是下一级循环的依据，下一级循环是上一级循环的落实和具体化。

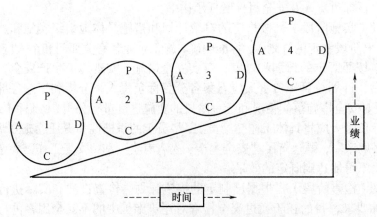

图 2-8　PDCA 循序渐进示意图

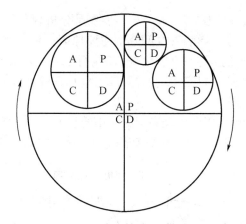

图2-9　PDCA循环的大环带小环示意图

3. 阶梯式上升

PDCA循环不是停留在一个水平上的循环，不断解决问题的过程就是水平逐步上升的过程。每个PDCA循环，都不是在原地周而复始运转，而是像爬楼梯一样，每个循环都有新的目标和内容，即安全管理经过一次循环后，解决了一批问题，而且安全水平有所提高，如图9-4所示。

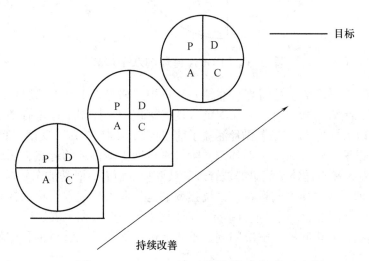

图2-10　PDCA循环的阶梯式上升示意图

4. PDCA循环的关键环节

PDCA循环中，A是一个循环的关键，这是因为在一个循环中，从安全目标计划的制定、安全目标的实施和检查，到找出差距和原因，若没有此环节，已取得的成果将无法巩固（防止问题再发生），导致人们的安全意识可能没有明显提高，也提不出上一个PDCA循环的遗留问题或新安全问题。因此，应特别关注A阶段。

5. 运用统计的工具

PDCA循环应用了科学的统计观念和处理方法。作为推动工作、发现问题和解决问题的有效工具，典型的模式被称为"四个阶段"、"八个步骤"和"七种工具"。

其中四个阶段就是 P、D、C、A。八个步骤是分析现状，发现问题；分析安全问题中各种影响因素；分析影响安全问题的主要原因；针对主要原因，采取解决的措施；执行，按措施计划的要求去做；检查，将执行结果与要求达到的目标进行对比；标准化，总结成功的经验，制定相应的标准；将没有解决的问题和新出现的问题转入下一个 PDCA 循环中解决。

通常，七种工具是指在安全管理中广泛应用的直方图、控制图、因果图、排列图、相关图、分层法和统计分析表等。八个步骤表现在循环中如图 2-11 所示。

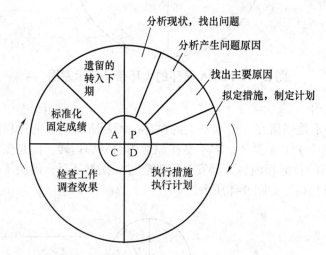

图 2-11   PDCA 循环的八个步骤

基于 PDCA 循环的上述特点，在绩效管理中严格贯彻 PDCA 的思想，是绩效管理有序进行、绩效不断提升的可靠保证。现代管理中，控制工作占有举足轻重的作用，绩效管理系统的 "PDCA" 循环涵盖了前馈控制、同期控制、反馈控制三个环节，从零开始，以滚雪球方式不断循环，一阶段终点即为新循环的起点，螺旋上升。在系统中，作业人员不是处于简单的被管理和被监控的位置，而是被充分调动积极性，参与绩效管理系统的建立与运行，系统强调的是作业人员绩效目标的提高和进步、个人及组织的共同发展，通过进行绩效管理，使组织与个人在发展过程中，明确目标，及时发现问题、分析问题、解决问题、不断前进，提高员工满意度和成就感，促进组织绩效的提高。

PDCA 思想的核心实质，是确保完成今天的工作并开发明天的工作。根据这种思想创建的绩效管理体系，充分体现了现代绩效管理的动态性、系统性。绩效管理中 PDCA 循环的各个阶段分别是：制定绩效计划（P）、绩效沟通与辅导（D）、绩效考核（C）、绩效反馈和面谈（A）。

4.3   基于 PDCA 循环的系统安全标准化管理

建筑施工安全管理是动态的、持续改进的过程。通过分析全国、各省级近 5 年的典型安全事故案例，研究其发生的原因和作用机理，总结责任人的安全职责及应采取的应急预案，形成安全事故数据库，有效实现项目各参与者的信息通畅和资源共享。同时，总结已发事故的经验和教训，指导在建工程的安全管理，通过持续改进的思想，不断完善现有的事故预防和应急方案，促进建筑施工安全管理的标准化建设工作。

　　通过研究 PDCA 循环模式的基本内涵和特点，结合建筑工程全寿命周期的阶段划分，计划阶段应加强对已发事故的总结，分析在建工程项目的特点，从而形成安全事故的关键控制点分析图及其措施体系；实施阶段针对已形成的分析图及其应急措施，控制人、物、作业环境和安全管理四类诱因，减少事故发生的概率和相应损失；检查阶段要强化安全生产责任人的职责权限，通过由下至上的逐级监管模式，规范建筑施工的作业过程，并加强各级作业人员的安全教育培训工作，有效实现由他律到自律的安全管理模式；总结阶段要重视信息的纵向和横向畅通，通过在建工程安全管理的实施过程，发现问题、提出问题、解决问题，不断地动态完善安全事故预防措施体系，通过循环管理模式，降低事故发生率和损失量，由此深化我国建筑施工安全标准化建设的工作。

5 基于可靠性工程的安全管理理论

5.1 可靠性工程理论及技术内涵

5.1.1 可靠性工程理论

可靠性工程是对产品（零部件、元器件、设备或系统）的失效及其发生的概率进行统计、分析，对产品进行可靠性设计、可靠性预计、可靠性试验、可靠性评估、可靠性检验、可靠性控制、可靠性维修及失效分析的一门包含了许多工程技术的边缘性工程学科。它立足于系统工程方法，运用概率论与数理统计等数学工具（属可靠性数学），对产品的可靠性问题进行定量分析。采用失效分析方法（可靠性物理）和逻辑推理对产品故障进行研究，找出薄弱环节，确定提高产品可靠性的途径，并综合权衡经济、功能等方面的得失，将产品的可靠性提高到满意程度的一门学科。其包括对产品可靠性进行工作的全过程，即从对零部件和系统等产品可靠性方面的数据进行收集与分析做起，对失效机理进行研究，在此基础上对产品进行可靠性设计。采用能确保可靠性的制造工艺进行制造，完善质量管理与质量检验以保证产品的可靠性。进行可靠性试验以证实和评价产品的可靠性，通过合理的包装和运输方式保持产品的可靠性。指导用户对产品的正确使用、提供优良的维修保养和社会服务以维持产品的可靠性。因此，可靠性工程包括对零部件和系统等产品可靠性数据的收集与分析、可靠性设计、预测、试验、管理、控制和评价。

在可靠性工程中，很重视对现场使用数据和试验数据的收集与交换。由于数据是可靠性设计和可靠性研究的基础，许多国家都具有全国性的数据收集与交换组织，建立各种数据库。整个可靠性工程中，均通过可靠性数据和信息反馈来改进产品的可靠性。

5.1.2 可靠性工程的技术内涵

可靠性工程是为适应产品的高可靠性要求发展起来的新兴学科，是一门综合了众多学科的成果以解决可靠性为出发点的边缘学科。它研究产品或系统的故障发生原因、消除和预防措施。其主要任务是保证产品的可靠性和可用性，延长使用寿命，降低维修费用，提高产品的使用效益。按照日本工业标准JIS，对可靠性工程技术的定义为"赋予产品可靠性为目的的应用科学和技术"。

可靠性按学科分类，一般可分为可靠性数学、可靠性工程、可靠性管理和可靠性物理等分支。但从可靠性技术在生产过程各阶段应用的目的和任务划分，大致可分为：

（1）可靠性设计——通过设计奠定产品的可靠性基础，研究在设计阶段如何预测和预防各种可能发生的故障和隐患；

（2）可靠性试验——通过试验测定和验证产品的可靠性，研究在有限的样本、时间和费用下如何获得合理的评定结果；

（3）制造阶段可靠性——通过制造实现产品的可靠性，研究制造偏差的控制、缺陷的处理和早期故障的排除，保证设计目标的实现；

（4）使用阶段可靠性——通过使用维持产品的可靠性，研究产品运行中的可靠性监视、诊断预测，采用售后服务和维修策略等防止可靠性劣化；

（5）可靠性管理——组织实施以较少的费用、时间实现产品的可靠性目标，研究可靠性目标的实施计划和数据反馈系统。

也有按照对故障处理的先后程序将可靠性技术划分为事前、事中和事后分析技术。例如：

（1）事前分析指在产品设计、制造阶段，预测和预防故障及隐患的发生；

（2）事中分析指在产品使用阶段通过故障监控和诊断技术，预测和预报故障的征兆及发展趋势，以便及时进行预防性维修；

（3）事后分析指在产品失效或发生故障后进行失效机理分析，将信息反馈给设计、制造部门，以便采取改进对策。

在可靠性工程中，一方面应用数理统计和现场使用信息反馈等手段，建立起能收集复杂产品可靠性的管理体系；另一方面通过对故障物理、试验技术的研究，提供有关故障的机理分析、检验、诊断和设计等技术。

可靠性和传统的技术概念有很大不同，其特点是：

（1）管理和技术高度结合。

可靠性工程是介于固有技术和管理科学之间的一门边缘学科。日本将可靠性技术比喻为"病疫学"和"病理学"密切结合的技术。所谓病疫学是指分析和追踪故障的起因，产生的环节，从而将信息反馈给有关单位，指导设计、制造环节的改进，即可靠性管理的任务。"病理学"则是研究具体故障的消除和预防技术。管理和技术结合，通过管理指导技术的合理应用，这就是可靠性技术的基本思想。

（2）众多学科的综合。

产品、系统的可靠性并非孤立存在，受到许多环节、因素的影响。因此可靠性技术和许多领域的技术密切相关，需要得到如系统工程、人机工程、生产工程、材料工程、环境工程、数理统计等学科及以往失效经验的支持，并综合应用这些领域的技术成果解决产品的可靠性问题。

（3）反馈和循环。

产品的可靠性首先是靠设计，并通过制造来实现设计目标。为将可靠性设计到产品中去，必须在设计阶段能预测和预防一切可能发生的故障，而预测、预防的依据是靠使用信息的反馈。反馈是可靠性管理技术的基本要点，没有反馈就没有可靠性。通过反馈使设计、试验、制造和使用过程形成一个可靠性保证的循环技术体系。循环的反复，使可靠性水平不断提高。

需要指出的是，虽然可靠性技术引入到各个领域，但应用模式并不相同。目前，除了数理统计、故障物理等基础学科的应用基本相同外，对于可靠性管理，可靠性技术的应用程度和范围因受到原有技术基础、管理体制等条件的限制，基本上都是结合具体的特点以独自的形式发展。

5.2 典型可靠性工程模型

典型的可靠性工程模型分为有贮备与无贮备两种，有贮备可靠性模型按贮备单元是否与工作单元同时工作分为工作贮备模型与非工作贮备模型。典型的可靠性工程模型分类，如图 10-1 所示。

建立系统可靠性工程模型时，采用的假设主要包括：

（1）系统及其组成单元只有故障与正常两种状态，不存在第三种状态；

（2）框图中一个方框表示的单元或功能所产生的故障就会造成整个系统的故障（有替代工作方式的除外）；

（3）就故障概率来说，不同方框表示的不同功能或单元的故障概率是相互独立的；

（4）系统的所有输入在规定极限之内，即不考虑由于输入错误而引起系统故障的情况；

（5）当软件可靠性没有纳入系统可靠性模型时，应假设整个软件是完全可靠的；

（6）当人员可靠性没有纳入系统可靠性工程模型时，应假设人员是完全可靠的，而且人员与系统之间没有相互作用的问题。

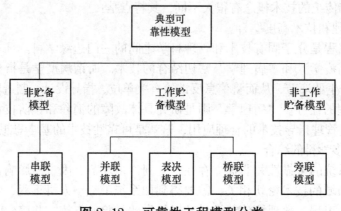

图 2-12　可靠性工程模型分类

5.2.1　串联模型

系统的所有组成单元中任一单元的故障都会导致整个系统故障的系统称为串联系统。串联模型是最常用和最简单的模型之一。

串联模型的可靠性框图如图 2-12 所示，其数学模型为：

$$R_\mathrm{S}(t) = \prod_{i=1}^{n} R_i = \prod_{i=1}^{t} e^{-\int_{0}^{t} \lambda_i(t)\mathrm{d}t} \tag{2-1}$$

式中：$R_\mathrm{S}(t)$——系统的可靠度；

$R_i(t)$——单元的可靠度；

$\lambda_i(t)$——单元的故障率；

n——组成系统的单元数。

当各单元的寿命分布均为指数分布时，系统地寿命也服从指数分布，系统的故障率 λ_S 为系统中各单元的故障率 λ_i 之和，可表示如下：

$$\lambda_S = -\frac{\ln[R_S(t)]}{t} = -\sum_{i=1}^{n}\frac{\ln[R_i(t)]}{t} = \sum_{i=1}^{n}\lambda_i \tag{2-2}$$

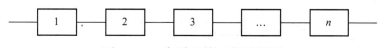

图 2-13　串联系统可靠性框图

系统的平均故障间隔时间 T_{BFs}：

$$T_{BF_s} = \frac{1}{\lambda_S} = 1/\sum_{i=1}^{n}\lambda_i \tag{2-3}$$

由式（2-1）可见，系统的可靠度是各单元可靠度的乘积，单元越多，系统可靠度越小。从设计方面考虑，为提高串联系统的可靠性，可从以下三方面考虑：

（1）尽可能减少串联单元个数；

（2）提高单元可靠性，降低其故障率 $\lambda_i(t)$；

（3）缩短工作时间 t。

5.2.2　并联模型

组成系统的所有单元都发生故障时，系统才发生故障的系统称为并联系统。并联模型是最简单的有贮备模型。

并联模型的可靠性框图如图 2-14 所示，其数学模型为：

$$R_S(t) = 1 - \prod_{i=1}^{n}[1 - R_i(t)] \tag{2-4}$$

式中：$R_S(t)$——系统的可靠度；

$R_i(t)$——单元的可靠度；

n——组成系统的单元数。

当系统各单元的寿命分布为指数分布时，对于最常用的两单元并联系统，则有：

$$R_S(t) = e^{-\lambda_1 t} + e^{-\lambda_2 t} - e^{-(\lambda_1+\lambda_2)t} \tag{2-5}$$

$$\lambda_S(t) = \frac{\lambda_1 e^{-\lambda_1 t} + \lambda_2 e^{-\lambda_2 t} - (\lambda_1 + \lambda_2)e^{-(\lambda_1+\lambda_2)t}}{e^{-\lambda_1 t} + e^{-\lambda_2 t} - e^{-(\lambda_1+\lambda_2)t}} \tag{2-6}$$

系统的致命故障间的任务时间 T_{BFs} 为：

$$T_{\mathrm{BCF}_s} = \int_0^\infty R_{\mathrm{S}}(t)\,\mathrm{d}_t = \frac{1}{\lambda_1} + \frac{1}{\lambda_2} - \frac{1}{\lambda_1 + \lambda_2} \tag{2-7}$$

由式（2-6）可见，尽管单元故障率 λ_1 和 λ_2 都是常数，但并联系统的故障率 λ_{S} 不再是常数，如图 2-15 所示。

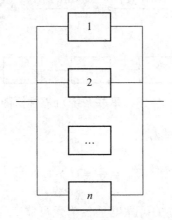

图 2-14　并联系统可靠性框图

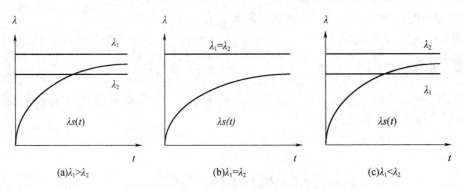

(a) $\lambda_1 > \lambda_2$　　　(b) $\lambda_1 = \lambda_2$　　　(c) $\lambda_1 < \lambda_2$

图 2-15　并联模型故障率曲线

当系统各单元的寿命分布为指数分布时，对于 n 个相同单元并联系统，则有：

$$R_{\mathrm{S}}(t) = 1 - (1 - e^{-\lambda t})^n \tag{2-8}$$

$$T_{\mathrm{BCF}_s} = \int_0^\infty R_{\mathrm{S}}(t)\,\mathrm{d}t = \frac{1}{\lambda} + \frac{1}{2\lambda} + \ldots + \frac{1}{n\lambda} \tag{2-9}$$

由并联系统可靠度函数与并联单元数的关系可见，与无贮备的单个单元相比，系统可靠度有明显提高，尤其是 $n=2$ 时，可靠度的提高更显著。但当并联单元过多时，可靠性提高速度大为减慢。

5.2.3 r/n(G) 模型

n 个单元及一个表决器组成的表决系统，当表决器正常时，正常的单元数不小于 r（$1 \leqslant r \leqslant n$）系统就不会故障，这样的系统称为 $r/n(G)$ 表决系统，它是工作贮备模型的一种形式。

$r/n(G)$ 系统的数学模型：

$$R_S(t) = R_m \sum_{i=r}^{n} C_n^i R(t)^i (1-R(t))^{n-i} \tag{2-10}$$

式中：$R_S(t)$——系统的可靠度；

   $R(t)$——系统组成单元（各单元相同）的可靠度；

   R_m——表决器的可靠度；

当各单元的可靠度是时间的函数，且寿命服从故障率为 λ 的指数分布时，$r/n(G)$ 系统的可靠度为：

$$R_S(t) = R_m \sum_{i=r}^{n} C_n^i e^{-i\lambda t} (1-e^{-\lambda t})^{n-i} \tag{2-11}$$

当表决器的可靠度为 1 时，系统的致命故障间的任务时间 T_{BFs} 为：

$$T_{BCF_s} = \int_0^{\infty} R_s(t)\,dt = \sum_{i=r}^{n} \frac{1}{i\lambda} \tag{2-12}$$

在 $r/n(G)$ 系统中，当 n 为奇数（令其为 2k+1），且系统的正常单元数大于等于 $k+1$ 时系统才正常，这样的系统称为多数表决系统。多数表决系统是 $r/n(G)$ 系统的一种特例。三中取二系统是常用的多数表决系统，可靠性框图如图 2-16（a）、（b）所示。

当表决器可靠度为 1，组成单元的故障率均为常值 λ 时，其数学模型为：

$$R_S(t) = 3e^{-2\lambda t} - 2e^{-3\lambda t} \tag{2-13}$$

$$T_{BCF_s} = 5/6\lambda \tag{2-14}$$

当表决器的可靠度为 1 时：

$r=1$，$1/n(G)$ 即为并联系统，

$$R_S(t) = 1 - (1-R(t))^n \tag{2-15}$$

$r=n$，$n/n(G)$ 即为串联系统，

$$R_S(t) = R(t)^n \tag{2-16}$$

$r/n(G)$ 系统的 *MTBCFs* 比并联系统小，比串联系统大。

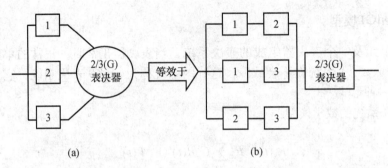

图 2-16 2/3(G) 系统可靠性框图

5.2.4 非工作贮备模型（旁联模型）

组成系统的 n 个单元只有一个工作单元，当工作单元故障时，通过转换装置转接到另一个单元继续工作，直到所有单元都故障时系统才故障，这样的系统称为非工作贮备系统，又称旁联系统。

非工作贮备系统的可靠性框图如图 2-17 所示，其可靠性数学模型为：

（1）假设转换装置可靠度为 1，则系统 T_{BCF_s} 等于各单元 T_{BCF_i} 之和：

$$T_{BCF_s} = \sum_{i=1}^{n} T_{BCF_i} \tag{2-17}$$

式中：T_{BCF_s}——系统的致命故障间任务时间；

$\quad\quad T_{BCF_i}$——单元的致命故障间任务时间；

$\quad\quad n$——组成系统的单元数；

当系统各单元的寿命服从指数分布时：

$$T_{BCF_s} = \sum_{i=1}^{n} 1/\lambda_i \tag{2-18}$$

式中：T_{BCF_s}——系统的致命故障间任务时间；

$\quad\quad \lambda_i$——单元的故障率；

$\quad\quad n$——组成系统的单元数。

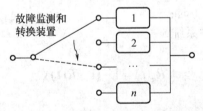

图 2-17 非工作贮备系统的可靠性框图

当系统的各单元都相同时：

$$T_{BCF_s} = n/\lambda \tag{2-19}$$

$$R_S(t) = e^{-\lambda t}[1 + \lambda t + \frac{(\lambda t)^2}{2!} + \ldots + \frac{(\lambda t)^{n-1}}{(n-1)!}] \tag{2-20}$$

对于常用的两个不同单元组成的非工作贮备系统（$n=2$，$\lambda_1 \neq \lambda_2$）：

$$R_S(t) = \frac{\lambda_2}{\lambda_2 - \lambda_1}e^{-\lambda_1 t} + \frac{\lambda_1}{\lambda_1 - \lambda_2}e^{-\lambda_2 t} \tag{2-21}$$

$$T_{BCF_s} = \frac{1}{\lambda_1} + \frac{1}{\lambda_2} \tag{2-22}$$

（2）假设转换装置的可靠度为常数 R_D，两个单元相同且寿命服从故障率为 λ 的指数分布，系统的可靠度为：

$$R_S(t) = e^{-\lambda t}(1 + R_D \lambda t) \tag{2-23}$$

对于两个不同单元，其故障率分别为 λ_1，λ_2：

$$R_S(t) = e^{-\lambda_1 t} + R_D \frac{\lambda_1}{\lambda_1 - \lambda_2}(e^{-\lambda_2 t} - e^{-\lambda_1 t}) \tag{2-24}$$

$$T_{BCF_s} = \frac{1}{\lambda_1} + R_D \frac{1}{\lambda_2} \tag{2-25}$$

非工作贮备的优点是能大大提高系统的可靠度，其缺点是由于增加了故障监测与转换装置而加大了系统的复杂度；要求故障监测与转换装置的可靠度非常高，否则贮备带来的好处会被严重削弱。

5.3　基于可靠性工程的建筑施工安全标准化方法

基于我国建筑施工行业的作业特点，将可靠性理论应用于建筑施工事故防范中，具有重要的现实意义和光明前景，是"以人为本"的安全管理理念的具体体现。

系统安全科学的发展与可靠性工程理论密切相关。系统可靠性越高，发生故障的可靠性越小，系统越安全。其主要任务是研究产品的可靠度，提高质量、经济效益以及系统的安全、可靠性。在可靠性理论中，通过可靠性分配，可以将规定的系统可靠性指标自上而下、由大到小、由整体到局部，逐步分解，将系统的整体可靠度分配到各子系统、设备或元器件等。

现有建筑施工安全领域的研究多是从管理体制、施工人员素质、法律法规与安全文化建设等角度来研究建筑施工安全管理体系的构建。这些研究对于建筑施工安全管理具有重要的意义，但却忽视了此体系建设的可靠性。在体系工作过程中，若某环节失效或发生故障，从而导致整个体系瘫痪，将会给建筑施工带来不可估量的损失，鉴于可靠性工程的许多分析方法都能用于建筑工程安全标准信息化领域，可以将可靠性分配理论与建筑工程系统安全分析相结合，在给定建筑施工安全系统防御目标值条件下，建立可靠性分配模型，确定基本事件的可靠度，从而为建筑施工安全管理系统的优化提供可行的实施方案。

6 基本理论篇小结

本篇作为课题研究的理论基础，分别阐述了事故预防理论、本质安全理论、戴明管理理论以及可靠性工程理论，为下篇建筑施工安全标准化建设方案设计奠定重要的理论依据。

第 1 章介绍了事故预防理论在国内外发展的现状及探索，同时提出系统安全标准化管理的概念。事故预防理论也是事故致因理论。事故预防理论是从大量典型事故的本质原因分析中所提炼出来的事故机理和事故模型。这些机理和模型反映了事故发生的规律性，能够为事故原因的定性、定量分析，事故预防，改进安全管理工作，从理论上提供科学、完整的依据。随着科学技术的发展，事故发生的本质规律在不断变化，人们对事故原因的认识也在不断深入，先后出现了十几种事故致因理论。其中，具有代表性的事故致因理论有事故频发倾向理论、事故因果连锁理论、能量意外释放理论、以人失误为主因的瑟利事故模型、动态变化理论以及轨迹交叉理论等。

第 2 章介绍了本质安全理论的由来及在各个领域的含义，在此基础上，提出了本质安全理论的主要内容，即人员管理、设施设备管理、作业环境管理和安全系统管理，从而揭示了本质安全理论的内涵及在建筑施工安全标准化建设方案设计中的应用。

第 3 章介绍了戴明管理理论，其中包括持续改进思想和 PDCA 循环模式，建筑施工安全标准化建设方案设计中，经过 P（计划阶段）、D（实施阶段）、C（检查阶段）、A（总结阶段）对人员、设施设备、作业环境和安全管理四方面加强安全标准化建设，从而实现安全管理由传统的事故发生型转变为现代的问题发现型管理模式。

第 4 章介绍了可靠性工程理论及其技术内涵，同时将可靠性工程应用于建筑施工安全标准化管理。现有建筑施工安全领域的研究多是从管理体制、施工人员素质、法律法规与安全文化建设等角度来研究建筑施工安全管理体系的构建。这些研究对于建筑施工安全管理具有重要的意义，但却忽视了此体系建设的可靠性。在体系工作过程中，若某环节失效或发生故障，从而导致整个体系瘫痪，将会给建筑施工带来不可估量的损失，鉴于可靠性工程的许多分析方法都能用于建筑工程安全标准信息化领域，可以将可靠性分配理论与建筑工程系统安全分析相结合，在给定建筑施工安全系统防御目标值条件下，建立可靠性分配模型，确定基本事件的可靠度，从而为建筑施工安全管理系统的优化提供可行的实施方案。

事故预防理论明确了事故发生的原因链，安全本质理论提出了安全标准化建设过程中对人员、设施设备、环境和管理的高度重视，戴明管理理论强调了施工安全标准化管理的循环过程和预防机制，可靠性工程理论则强化了管理人员对于施工现场各环节、各基本事件的可靠性分析，基于此，下篇构建了基于本质安全的安全管理 PDCA 循环模式设计方案。

第三篇

体系构建篇

1　建筑施工安全标准化建设的方法

1.1　建筑施工安全生产特点分析

建筑业从广义的概念来说是从事建筑安装工程的生产活动，为国民经济各部门建造房屋和构筑物，并安装机器设备（1997年版《辞海》）。长期以来，由于人员流动性大、劳动对象复杂和劳动条件变化大等特点，建筑业在各个国家都是高风险的行业，伤亡事故发生率一直位于各行业的前列。尤其是现代社会建设项目趋向大型化、高层化、复杂化，加之建设场地的多变性，使得建筑工程生产特别是安全生产与其他生产行业相比有明显的区别，建筑工程安全生产的特点主要体现在以下几个方面：

（1）建筑施工大多数在露天的环境中进行，所进行的活动必然受到施工现场的地理条件和气象条件的影响。恶劣的气候环境很容易导致施工人员生理或者心理的疲劳，注意力不集中，造成事故；

（2）建筑工程是一个庞大的人机工程，这一系统的安全性不仅仅取决于施工人员的行为，还取决于各种施工机具、材料以及建筑产品（统称为物）的状态。建设工程中的人、物以及施工环境中存在的导致事故的风险因素非常多，如果不及时发现并且排除，将很容易导致安全事故；

（3）建设项目的施工具有单一性的特点。不同的建设项目所面临的事故风险的大小和种类都是不同的。建筑业从业人员每一天所面对的都是一个几乎全新的物理工作环境。在完成一个建筑产品之后，又转移到下一个新项目的施工。项目施工过程中层出不穷的各种事故风险是导致建筑事故频发的重要原因；

（4）工程项目施工还具有分散性的特点。建筑业的主要制造者——现场施工人员，在从事工程项目的施工过程中，分散于施工现场的各个部位，当他们面对各种具体的生产问题时一般依靠自己的经验和知识进行判断做出决定，从而增加了建筑业生产过程中出于工作人员采取不安全行为而导致事故的风险；

（5）工程建设中往往有多方参与，管理层次比较多，管理关系复杂。仅施工现场就涉及业主、总承包商、分承包商、供应商和监理工程师等各方。各种错综复杂的人的不安全行为，物的不安全状态以及环境的不安全因素往往互相作用，构成安全事故的直接原因；

（6）目前我国建筑业仍属于劳动密集型产业，技术含量相对偏低，建筑业管理人员和工人的文化素质都较一般生产行业差。尤其是大量的没有经过全面职业培训和严格安全教育的农民工，其数量占到施工一线人数的80%。这些农民工由于缺乏必要的专业技术知识和安全意识，加上现场缺乏科学严格的管理措施，使其很容易成为建筑安全事故的肇事者和受害者；

（7）建筑业作为一个传统的产业部门，工期、质量和成本的管理往往是项目生产人员关注的主要对象。许多建筑业从业人员认为建筑安全事故完全是由一些偶然因素引起的，因而是不可避免的，无法控制的，没有从科学的角度深入认识事故发生的根本原因并采取积极的预防措施，造成了建设项目安全管理不力，发生事故的可能性增加等问题。

1.2 建筑施工安全标准化建设方案设计的基本程序

1.2.1 建筑工程安全事故规律及其致因理论模型

为保证建筑工程安全管理，应该认识建筑工程事故的规律，其规律主要具有偶然性、因果性和潜伏性。

（1）偶然性：事故发生具有随机性、偶然性，事故的后果也具有偶然性，但偶然之中也存在必然的规律。这种偶然性实质上是各不安全因素综合作用导致的必然结果；

（2）因果性：事故发生必然存在导致其发生的原因，即存在危险因素。施工中的不安全因素主要来自人的不安全因素、物的不安全状态、外部环境不良。造成人的不安全行为、物的不安全状态、外部环境不良的原因可以归结为四方面：技术原因、教育原因、身体和精神原因及管理原因；

（3）潜伏性：危险因素在导致事故发生之前处于潜伏状态，人们不能确定事故是否发生，此潜伏状态正如多米诺骨牌理论，一旦任何环节出现问题，潜伏的危险因素将演变成事故；

基于建筑工程安全事故的发生规律，建立安全事故致因理论模型，如表3-1所示，从而有效降低或预防事故发生的概率。

建筑施工安全事故致因理论模型中，包含5个因素，其含义如下：

1. 系统安全管理

对于多数建筑施工企业，由于各种原因，完全依靠工程技术措施预防事故既不经济也不现实，只能通过完善安全管理工作，才能防止事故的发生。由于建筑工程的复杂性、系统性，管理者必须建立系统安全管理思想，实现系统本质安全，从而有效预防事故的发生及其伤害。因此，安全管理是施工企业管理的重要环节。由于安全管理缺陷可能导致事故发生的其他原因出现，所以随着生产的发展变化，安全管理系统应不断调整完善。

表3-1 建筑施工安全事故致因理论模型

系统安全管理	间接原因	直接原因	事件	损失
目标 组织 机能	技术原因 教育原因 身体原因 精神原因 管理原因	人的不安全行为 物的不安全状态 外部的不良环境	事件 事故	初始损失 最终损失

2. 个人及工作条件

此因素由于管理缺陷造成。个人原因包括缺乏安全知识或技能、行为动机不正确、生理或心理问题等。工作条件原因包括安全操作规程不健全、设备和材料不合适，以及存在温度、湿度、粉尘、气体、噪声、照明、工作场地情况（如打滑地面、障碍物、不可靠支撑物）等有害作业环境因素。只有找出并控制此类因素，才能有效防止后续原因的发生，从而预防事故的发生。

3. 直接原因

人的不安全行为或物的不安全状态是事故发生的直接原因。此原因是安全管理中必须重点加以追究的原因。但直接原因只是表面现象，是深层次原因的表征。实际工作中，不能停留在表面现象上，而要追究其背后隐藏的管理上的缺陷原因，并采取有效的控制措施，从根本上杜绝事故发生。

4. 事件（incident）

选择"incident"而不使用"accident"，排除了对偶然发生的事故或者人为过错造成事故的否定含义。此处事故被看作是人体或结构与超过其承受阈值的能量接触，或人体与妨碍正常生理活动的物质接触。此后，将此定义扩展，将"超过人体或结构承受阈值"也包含环境污染。显然这一定义无形中应用了能量转移的观点。防止事故就是防止接触。可以通过对装置、材料、工艺等的改进以防止能量的释放，或者训练工人提高识别和回避危险的能力，佩带个人防护用具来防止接触。

5. 损失

人员伤害和财务损坏统称为损失，包括初始损失和最终损失。很多情况下，可以采取恰当的措施使事故造成的损失最大限度地减小。

根据建筑施工安全事故致因理论模型，可以得到传统的事故发生型管理与现代的问题发现型管理模式的差异，前者在事故发生最终损失后采取措施，而后者可以选择在直接原因与事故之间设置屏障，采取必要的措施有效防止事故发生，即事故发生前有效预防。同时，也可在事故与初始损失之间设置屏障，采取应急行动和方案以防止或减少最终损失。

1.2.2　安全标准化建设方案设计的基本程序

针对事故发生的原因及其规律，采取物质技术措施，使其从根本上消除事故发生的条件，因而不会再发生类似的事故，这是最理想的本质安全措施。因此，按照事故"可能预防原则、偶然损失原则、因果继承原则"，建立基于本质安全的PDCA循环管理模式模型，如图3-1所示。

1.3　建筑施工安全标准化建设的原则

（1）四M要素原则：通过对工业安全原理和事故预防理论的研究，建设需要从人、设备、环境、管理四要素全面考虑；

（2）三个注意原则：重视过程、重视实效、重视关键。充分利用各种资源，推动建筑施工企业安全标准化建设；

（3）超前预防原则：通过对潜在问题采取超前标准化，可以有效预防本不应存在的多样化和复杂化；

（4）系统优化原则：考虑如何获取最大标准化效益的同时，还应考虑系统的局部效益和总体效益；

（5）全面参与原则：坚持党政齐抓共管、各部门联合推动，创造有力的标准化环境；

（6）统一有度原则：作为安全标准化的核心与本质，使得标准化对象的形式、功能及其技术特征具备一致性的优点；

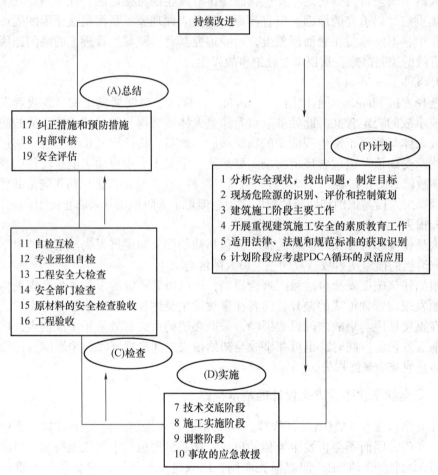

图3-1　基于本质安全的PDCA循环管理模式框架图

（7）动变有序原则：根据标准化环境、依存主体的变化适时进行修订，以保证其先进性和适用性。另外，标准的修订应有规定的程序，按规定时间、既定程序进行修订和审批，以避免损失；

（8）创新与经验结合的原则：坚持与时俱进，加强体制和机制创新，及时总结经验做法，做好典型推广，以点带面，扩大工作成效，发挥先进典型的带动和示范作用；

（9）前沿与现实结合的原则：吸收与引进国内外先进做法的同时，要结合建筑施工企业实际，考虑其可行性；

（10）逐步推进、持续改进的原则：安全标准化建设并非一蹴而就，需要坚持

PDCA 循环，以逐步推进标准化建设。

1.4　精细化管理方法应用于建筑施工安全标准化工作的可行性

安全精细化管理是以系统工程理论、目标管理理论、组织行为学和人本理论及职业健康体系理论为出发点，结合建筑施工企业自身作业环境和劳动条件及其复杂性，重型设备多、人员流动性大、高空作业多、作业环境复杂等特点，针对建筑施工企业生产全过程中的每项具体作业，每个环节实施全过程控制，精细超前设计、优化作业方案，做到安全、质量、技术标准明确，分工清晰，将责任细化到每个具体操作步骤中，量化作业人员每步操作过程中承担的责任，将各项安全管理工作前移，强化计划的刚性管理，坚持计划的严肃性，合理安排人力、物力、财力，加强工作的过程策划与设计，使施工生产作业达到程序化、系统化、规范化、科学化。每项作业无论由谁完成，必须保证作业程序标准化，只有将各项工作超前策划，全过程细化、量化、标准化，实施全过程控制，才能将安全生产落到实处，才能做到安全施工的可控、再控。基于此，将精细化管理方法应用于建筑施工安全标准化工作不仅可行，而且具有重要的现实意义，从而实现建筑施工安全标准化建设的推广和普及。

2 建筑施工安全标准化建设方案研究

2.1 建筑施工安全标准化建设的重点

由于现场安全生产管理系统包含的要素和内容众多，各方面因素影响较大，因此，具体的运行实施过程中，必须把握标准化建设的重点，使现场安全标准化建设有效地运行。从事故致因理论来看，施工现场安全标准化建设主要包括对人员素质、设备设施和作业条件三个要素的管理。

2.1.1 人员素质标准化建设的重点

现场安全管理系统是建立在 PDCA 管理模式的基础上，此系统本身是由人工制定，所以人既是安全管理的对象又是安全管理系统的建立者和运营者。从这个意义上来说，对人的管理不仅只涉及操作者，还应覆盖到现场安全管理制度、技术措施的制定者，安全计划的实施者和安全监督人员。从充分发挥人在施工安全生产活动中的作用出发，提高现场安全管理系统的运行效果。根据现场安全生产活动中分工的不同，对人的管理应着重于对项目经理、现场安全管理人员和现场操作人员的管理。

1. 项目经理

项目经理是现场安全管理的第一负责人。他的安全意识、对风险的偏好、协调能力和对安全的管理能力都会对现场安全管理效果产生直接的影响。为此，首先要使项目经理树立正确的安全生产观，正确认识安全与质量、进度、费用三大目标之间的关系，认识到安全是质量、进度、费用目标得以实现的保证和前提。安全投入不是一种消耗而是可以取得收益的回报；其次，公司应该采取激励和严厉的惩罚措施，对其行为进行约束，促使其自觉履行安全生产职责，重视安全生产。

为了达到在现场保证安全生产的目的，项目经理应具备以下素质和能力：

专业素质：通晓生产运营的各个细节，能对施工中的重大危害因素进行分析和评价。能指导相关人员制定有效的安全技术措施计划，做好安全技术交底工作。能合理分配项目的人力、物力和财力。能严格依照国家法律法规、规章条例，进行工程建设，不违章指挥。能对现场新出现的重大危害因素及时作出适当处理；

沟通能力：能与参与工程的各分包商、监理、业主代表等进行良好的沟通，协调各相关方之间的关系，使安全管理工作得到各方的支持，保证工作顺利展开；

领导能力：能调动下属安全管理的积极性，并使安全管理工作得到现场操作层的理解与支持。从而将公司的安全制度，安全规程落到实处，实现全员、全过程、全天候的管理；

2. 现场安全管理人员

他们与操作层的关系密切，其主要职能是维持现场安全生产秩序、及时发现并消除安全隐患。安全管理员须经过专门的培训，掌握安全生产知识并熟悉操作规程和各项法规。从思想上意识到工作的重要性，有强烈的责任感且具有爱岗敬业的工作作风。其责、权、利的统一可以通过组织制度来保证，促使其工作的顺利展开，增强其安全管理的内在动力。

3. 现场操作人员

安全管理的最终目标是保证操作人员的安全。我国民工占了现场操作人员的绝大部分，他们安全意识不强、缺乏专门的技能训练、自我保护意识不强，不按规程操作的现象时有发生。据统计，80% 左右的安全事故都发生在民工身上。因此，对现场操作人员的管理，主要是采用安全教育、完善岗位章程和作业标准以及惩罚等措施。在采取各项措施时还应该注意以下几点：

一是教育培训是安全生产管理的一项基础性工作，从思想上和技术上保证安全生产管理活动的顺利开展。对作业人员进行安全教育培训时要强调效果，避免安全教育流于形式，要有针对性，对不同层次、不同对象，采取形式多样的教育培训。安全教育培训的内容应包括安全意识教育和安全技能教育两个方面。前者使操作者从思想上充分认识到自我保护的重要性，促使操作者将安全视为自身的要求，从而充分调动操作者安全生产的能动性；后者使操作者掌握施工现场的基本防护知识，了解岗位的不安全因素以及应该采取的防护措施，为操作者安全生产提供了智力支持。二者结合有利于实现安全管理工作最积极的效果，即实现劳动者从被动的"要我安全"到主动的"我要安全、我懂安全、我会安全"的转变。

二是安全制度应该反映落实到各个不同班组中，根据不同的岗位制定岗位章程和操作规程。操作规程力求简单、明了、可操作性强。同时各级安全管理人员监督其实施，并对其实施效果进行评价，认识差距，找出不足，为安全目标和安全措施的制定提供依据和参考。

三是奖惩只是调动广大操作者的积极性和自觉性的一种外部约束手段而不是目的。实施时要注意适当性，考虑操作层的可接收能力。避免造成怨声载道，工作情绪消极的负面作用。

总之，安全管理系统实施的最积极结果表现在人的方面，应该是达到操作者主动规避风险，自觉按规程操作，实现操作者被动的"要我安全"到主动的"我会安全"的转变。

2.1.2　设备设施标准化建设的重点

建筑工程施工的过程是人和设备协调工作，相互配合的过程。设备设施的不安全状态是导致事故发生的主要原因之一。事故的预防，必须充分重视设备设施的可靠性检查。因此，可以从以下几个方面讨论：

1. 机械设备的选用

相同作用的不同机械设备其安全构造性各不相同。施工前应根据工程的规模、性质、作业环境等选择合适的作业机种，对其可靠性进行预先分析和预测。对与此机械相关的作业项目、人员配置、作业内容进行分析。识别安全隐患，做出安全对策。

2. 机械的进场和使用

机械进场之前必须进行检查，详细记录机械的结构、性能、由何种资格的人进行操作和适用的生产环境等。不安全的机械不允许入场。机械的操作人员必须是经过专业岗位培训的上岗者，熟悉机械设备的性能和作业内容，具有严肃、细致的工作态度，对现场的安全规则能严格遵守，不违章作业。

3. 机械的检查

通过对机械设备的运行情况、工作精度、磨损程度进行检查和校验，有利于及时查出和消除设备的隐患。对机械的检查有常规检查和定期检查。检查都必须有记录表。尤其要重视常规检查，要求检查者严格遵守检查规则，避免检查过程形式化。

4. 机械的保养

保养也是一项预防性工作，分为例行保养和定期保养两种。前者是在每日开机前、使用间歇中和开机后进行的保养作业。后者是当设备运转到规定的时间时，按规定的范围和要求进行的保养作业。保养是机械处于良好技术状态的重要保障，有利于提高机械设备运转的可靠性和安全性，减少事故，应给予充分重视。

2.1.3 环境管理标准化建设的重点

人和设备设施暴露在危险的环境下作业也是导致事故发生的一个方面。对施工不利的环境条件主要包括：恶劣的气候环境、不利的地理环境和恶劣的现场条件等。对环境的管理是通过对影响施工作业的环境因素进行辨识，对可能带来损失的不可改变环境状态，及时采取措施规避，对于可以控制的环境因素应该改善措施，使环境适合施工。

1. 气候环境

恶劣的气候环境是指超出正常规律的气候变化，如严寒、酷暑、暴雨、台风等。人对气候的改变能力极其有限。当气候环境接近人的生理承受能力时，安全隐患就已经存在。因此，对于可以预见的气候变化，应该提前做好准备，制定应对方法，保证安全作业。对于突发的情况则尽量采取措施规避风险，保证人员安全。如在高处吊装施工时，密切注意、掌握季节气候变化，遇有暴雨、六级及以上大风、大雾等恶劣气候，应停止露天作业，并做好吊装构件和机械的稳固工作。

2. 地理环境

地理环境是指工程所在地的位置及周围的环境。沼泽、地下溶洞、地质断层等不良的地理环境可能对安全施工造成严重影响。开工前应对当地地理环境彻底调查，在此基础上预测地理环境可能对人和设备设施产生的影响，制定应急方案，并对人员进行防灾、减灾教育，对设备采取必要的防护措施。施工时务必谨慎、仔细，避免事故的发生。

3. 现场条件

脏、乱、差的施工现场条件是引起安全隐患的另一方面。不良的声环境和视环境容易使人疲劳，产生焦虑和烦躁等负面情绪，从不同程度上影响操作的准确性和安全性，成为安全施工的隐患。此外，现场废水、尘毒、噪声、震动、坠落物不仅会给人带来安全、健康方面的影响，还会加速设备设施的损耗，导致其不能正常运行，导致事故的发生。因此，对现场环境进行有效的控制，为操作者创建良好的施工环境，也是提高安全管理工作的一个重点。

2.2　建筑施工安全标准化建设方案设计

2.2.1　人员素质标准化建设方案

生产实践活动中，人既是促进生产发展的决定因素，又是生产中安全与事故的决定因素。人一方面是事故要素，另一方面又是安全因素。人的安全行为能保证安全生产，人的异常行为将导致与构成生产事故。因此，若要有效预防、控制事故的发生，必须提高从业人员的素质。基于此，提出 10 项建设方案，其中包括 29 种具体方法，见表 3-2。

1. 实施班组长素质工程

对班组长进行全方位、多角度的素质培训教育，更大程度地增加其安全科学知识，从而使班组安全生产向更高层次迈进，使班组成员的安全与健康得到保障。其中具体落实的方法有：明确班组长的素质要求；规范班组长任用机制；确定班组长的安全职责；采取"教"、"学"与"做"相结合的培训模式；定期举行班组长技能大比拼；实施有效的奖励机制；提高政治待遇和经济待遇等。

2. 实施班组自律参与制

实施班组自律参与制可变他律为自律，变他责为自责，从而提高员工自我管理的意识和能力。具体的做法一是开展"三群"（群策、群力、群管），形成人人献计献策，人人遵章守纪，人人参与监督管理的工作氛围；二是开展"轮流当安全员"活动，人人参与监督、参与管理，在安全生产中发挥带头作用、引导作用；作业过程中发挥监督职责、班前班后现场检查等职责；三是实行"员工健康安全代表（HSE代表）"制，即代表班组员工反映员工 HSE 诉求，向上级提出合理化建议等；四是在班组开展员工"安全自我做起"自评活动。

3. 建立安全专业人才培养和引进结合的机制

提高安全专业队伍的素质和专业化水平，稳定安全专业人员队伍，使之能更好发挥作用，为降低事故和改进 HSE 业绩提供人才保障。方法是按照"请进来，走出去"的思路，制定安全专业人才引进计划，并在工作条件、工作待遇等方面给予政府支持。到培养安全专业人才的本、专科院校招收优秀的毕业生，采取联合办学、培养对口的高级安全专业人才，吸收安全工程专业的学生到施工企业实习。为安全管理人员提供更多的学习提高机会，如送到高校或专业的安全科学培训机构进行脱产培训，广泛利用社会资源和高校资源。

表 3-2　人员素质标准化建设方案

1 实施班组长素质工程	明确班组长的素质要求
	规范班组长任用机制
	明确班组长的安全职责
	采取有效的培训模式和方法
	定期举行班组长技能大比拼
	实施有效的奖励机制
	提高政治待遇和经济待遇

2 实施班组自律参与制	开展"三群"活动 开展"轮流当安全员"活动 实行"员工健康代表（HSE 代表）制度"
3 建立安全专业人才 培养与引进结合机制	本、专科院校联合办学 提供安全专管人员更多的学习提高机会
4 推行员工现场实习基地方案	建设施工企业学习基地，开发实景模拟培训系统
5 安全培训体系及方案优化工程	制定不同层次的培训方案 采取灵活多样的培训方式 培训与升级、晋职、年终考核挂钩
6 构建施工企业安全 文化建设平台方案	设计企业安全文化建设规划 设计企业安全文化建设体系
7 编制施工企业 安全文化手册方案	编制安全文化手册
8 实施工企业安 全文化评价体系方案	构建两级——四类的安全文化建设考核指标体系
9 开展施工企业安全 文化建设系列活动方案	组织安全竞赛活动 开展安全生产周（月）活动 举办安全演讲比赛活动 开展安全"信得过"活动 举办安全文艺活动 开展三不伤害活动 开展班组安全"建小家"活动
10 设计高危作业岗 位"三法三卡"方案	设计"三法三卡"模式 设计"三法三卡"内容

4. 推行员工现场实习基地方案

目的是提高员工的素质，主要是提升员工的基本技能水平。方法是建设施工企业实习基地，开发实景模拟培训系统，内容包括技能培训和安全培训，实习基地应分工种模拟现场环境，建立多媒体实景模拟培训系统（可涉及工艺、生产或HSE），员工上岗、复岗时，要先在现场实习基地进行学习，并取得相应的技能证书时方能从事施工生产，施工不紧张时也可将人员送去基地进行学习提高。

5. 安全培训体系及方案优化工程

本着"干什么、学什么、缺什么、补什么"的原则，按计划、分层次、有步骤地进行培训。采取灵活多样的培训方式以增强员工的学习兴趣，变"要我学习"为"我要学习"。方法是制定不同层次的培训方案，另外，采取灵活多样的培训方式，培训与升级、晋职、年终考核挂钩。

6. 构建施工企业安全文化建设平台方案

目的是使施工企业安全文化建设具有纲领性的指导，尽快实现企业的安全文化建设成效，使员工在施工企业安全文化的引领下更好的推进安全标准化建设。为施工企业建立安全文化提供具体的可行性方案，从观念、行为、制度等方面分对象、分层次设计安全文化建设体系，加快安全文化的建设进程。

首先组织专业人员设计适合施工企业的安全文化建设规划，并经过企业领导、管理人员和员工代表讨论，通过后开始实施。然后设计企业安全文化建设体系，具体内容包括以下5方面：建设施工企业安全观念文化、建设施工企业安全行为文化、建设施工企业安全管理（制度）文化、建设施工企业安全物态文化、建设施工企业安全形象文化。

7. 编制施工企业安全文化手册方案

目的是使员工能够方便、迅速地获取安全相关知识、法规和制度等安全信息。方法是编制安全文化手册，手册内容包括6部分：观念篇、行为篇、制度篇、事故篇、发展篇、格言篇。

8. 实施施工企业安全文化评价方案

目的是为施工企业安全文化建设提供保障，检验阶段性安全文化建设成果，最终目标还是提升其安全文化建设水平。方法是针对企业的组织机构和专业板块结构，结合企业安全文化理论，构建两级——四类的安全文化建设考核指标体系。

两级：企业——大队安全文化建设标准。

四类：观念文化、行为文化、制度文化和物态文化。

9. 开展企业安全文化建设系列活动方案

通过开展各项活动使员工树立正确的安全意识和更多地学习各种安全科学知识，提高安全综合素质，充分调动员工参与安全文化活动的积极性。活动方案如下：组织安全竞赛活动、开展安全生产周（月）活动、举办安全演讲比赛活动、开展安全"信得过"活动、举办安全文艺活动、开展三不伤害活动、开展班组安全"建小家"活动。

10. 设计高危岗位"三法三卡"方案

目的是强化现场员工的安全素质，提高岗位员工利用安全知识和信息的有效性，使高危岗位员工在知识与技能、观念文化与行为文化两个方面掌握、了解和熟悉风险因子性质，以便在作业过程中有效控制和防范可能的事故、职业病和环境危害事件。具体是采用表格和卡片方式，针对每一高危作业岗位，分别设计有针对性的"三法三卡"，即：S法——岗位事故预防法、H法——岗位健康保障法、E法——岗位环境保护法、MS卡——岗位作业安全检查指导卡、HI卡——岗位危害因素信息卡、DI卡——岗位危险因素信息卡。通过编制、发行、学习、考核等过程，将"三法三卡"的内容外化于形、内化于脑、固话于行。

2.2.2 设备设施标准化建设方案

设备与设施是施工过程的物质基础，是重要的生产要素。物作为事故第二大要素，已在安全系统论原理中得到揭示。为有效预防、控制设备设施导致的事故，必须强化设备的安全运行，改变设备设施的异常状态，使之达到安全运行的要求。基于此，共设计11项建设方案，包括23种具体方法，见表3-3。

1. 设备采购规范化方案

解决由于采购环节中造成的设备出现故障无法维修，售后服务无法保证，导致设备性能较差，设备不能正常运行等情况。

方法一是建立采购信息资料库，即广泛收集设备市场上货源和厂家信息，可直接进行设备产品咨询，包括各种技术参数、性能、精度、质量、信誉、附件、价格、交货期、厂家业绩、规模、售后服务等；方法二是建立设备生产厂家可信赖等级信息库，即施工企业设备采购部门应选择有市场准入资格，具有相当生产能力，且提供完善售前、售后服务的企业进行设备采购。根据企业对设备使用情况的记录，建立设备生产厂家可信赖等级信息库，今后采购时尽量选择可信赖等级高的企业。加强采购产品质量抽查，对重点设备的加工制造必要时进行驻场建造，出厂前、现场使用前都必须进行严格检验。设备投产前必须进行检验，确保安装合格；方法三是寻求长期合作伙伴，即施工企业可根据以往设备采购记录，结合设备运行现状，选择优秀企业作为长期合作伙伴，建立起良好的合作关系；方法四是寻找总承包商，即大批量订购设备时，利用总承包商的便利和信息优势，委托订购所需设备。

表 3-3　设备设施标准化建设方案

1 设备采购规范化方案	建立采购信息资料库 建立设备生产厂家可信赖等级信息库 寻求长期合作伙伴 寻找总承包商
2 资产质量和结构优化方案	购置与淘汰结合的设备配备
3 设备更新现代化方案	提高设备新度系数
4 设备检测专业化方案	引进国内外先进的检测技术
5 改进安全设施装置保障水平	设计开发相关软件，引进国外先进的车辆装备
6 施工辅助设施完善方案	建立施工辅助设施使用档案
7 改进安全防护用品方案	购买有质量保证的安全防护用品 专人专管，对安全防护用品进行定期更换和定期检验
8 设备防爆化方案	安装气体浓度传感器 更新施工企业目前不具备防爆功能的设备
9 施工工艺技术可靠化方案	采用先进成熟的技术和设备 编制完善的工艺安全资料 成立试验小组
10 设备维护保养制度化方案	勤考核机理 注重日常维护 定人定机
11 建立设备管理 科学化和系统化模式	以点检制为核心的设备管理模式 适时管理模式 全面规范化生产维护管理模式 预防维修

2. 资产质量和结构优化方案

进行资产质量和结构优化能解决施工企业设备资产总体质量较差、性能结构不合理的现状。

方法是优化资产质量，采取购置与淘汰相结合的设备配备策略淘汰落后的旧设备，使设备的配备数量和质量标准化水平逐步提高。参考国内外先进同行的设备配备比例和结构进行科学配置。

3. 设备更新现代化方案

目的是解决施工企业目前设备超期服役和性能不优问题，为实现施工技术先进化提供硬件保证。

方法是引进国内外技术性能先进的设备，淘汰老、旧、劣设备，重点、复杂的生产任务设备性能达到先进化，并逐渐使施工企业达到国际先进和国内领先的施工设备性能水平。保证引进的新设备性能优异、技术先进，设备的新度系数在一定程度上能够反映施工企业的设备性能情况。

4. 设备检测专业化方案

用先进的检测技术和仪器对设备进行全面的监测、监控，提高设备的可靠性，尤其是在役设备的可靠性，及时掌握设备的性能和安全状态。

方法是组织有经验的人员编写设备检测标准，选择编写的检测仪器，引进国内外先进的检测技术，对于重要的设备及时进行在役检测。

5. 改进安全设施装置保障水平

加强对设备、车辆等的安全管理，并且利用现代信息化技术，实现设备跟踪管理。

方法是提高安全设施、安全装置的安全水平，建立设备、车辆计算机信息监控平台，设计开发相关软件，引进国外先进的车辆装备。在构建设备时，要预先考虑其安全性。

6. 施工辅助设施完善方案

完备的施工辅助设施能降低搬迁过程中的安全风险。

方法是增购部门施工辅助设施，满足辅助设施的使用合理化、规范化，如建立施工辅助设施使用档案，需要使用时进行预约等。

7. 改善安全防护用品方案

配备合格的工作服、工鞋、手套、安全帽等安全防护用品，可以降低事故的发生率，即使发生事故也可以使事故的损失最小化。

方法是购买有质量保证的安全防护用品，增加一线员工安全防护用品的配备数量，对生产厂家提出安全防护用品人性化设计要求。专人专管，对安全防护用品进行定期更换和定期检验，使用之前必须检查，质量满足要求才可使用。

8. 设备防爆化方案

实施设备防爆化方案可避免气体达到爆炸极限导致的爆炸事故，保护财产和人身安全。

方法一是为现有设备安装气体浓度传感器，使得气体达到一定浓度时自动报警，及时采取措施，避免爆炸事故发生；方法二是逐步更新施工企业目前不具备防爆功能的设备。

9. 生产工艺技术可靠化方案

目的是降低技术风险，减少事故的发生。

方法一是充分借鉴国外油田安全设计方法，采用先进成熟的技术和设备；方法二是非常醒目、非常具体、非常明确地提示和要求承包商必须使用成熟、适用、可靠的装备和工艺技术，不能拿高风险做试验，不能以安全为代价搞探索，不能为控制投资而降低安全保护标准；方法三是编制完善的工艺安全资料，为鉴别和了解工艺有关的危害提供依据，其中包括对所有物料造成的危害进行评价、工艺设计资料等；方法四是成立试验小组，对探索性技术采取先试验后使用的策略。

10. 设备维护保养制度化方案

使设备处于良好的运行状态，及时解决设备问题，"防微杜渐"，防止突发性设备事故的发生。

方法一是勤考核激励，坚持每月对施工企业的设备情况进行检查和评比，并将评比结果与操作人员的月度经济考核挂钩，从而促进操作人员维护保养设备的主动性和自觉性，形成企业、队、操作人员三级管理体系，做到小修不出队、二保不出施工企业；方法二是注重日常维护，建立设备维护检查反馈单制度，将每月设备检查出的问题，以反馈单的形式由设备管理部落实整改。设备管理部坚持做到修保不欠账、不攒活、不突击；方法三是打好时间差，根据设备的使用特点，做到"定人定机"，将设备保养落实到班组和人头，使设备始终保持在完好状态。

11. 建立设备管理科学化和系统化模式

准确掌握设备状态、设备故障初期信息和劣化趋势，及时采取措施，将故障消灭在萌芽阶段，从而提高设备的工作效率，延长设备寿命。

方法一是采取以点检制为核心的设备管理模式，即在设备管理活动中，点检人员借用一定的手段，按照制定的标准，定期、定点地对设备进行检查，准确掌握设备技术状态、设备故障的初期信息和劣化趋势，及时采取对策，将故障消灭在萌芽阶段，以提高设备的工作效率，延长设备寿命；方法二是采取适时管理模式，要求以一种新方式进行设备维修，即全面施工维修，不仅包括故障维修和预防维修，还包括全面安全控制和全员参与。实行全面施工维修，保证设备和工具在任何时刻都处于最佳状态，从而消除生产过程中的不稳定因素，使生产以更稳定的形式进行，避免事故的发生；方法三是采取全面规范化生产维护管理模式，即以设备综合效率和完全有效生产率为目标、以全系统的预防维修体系为载体、以员工的行为规范为过程、全体人员参与为基础的施工和设备系统的维护与保养，即维修体制；方法四是采取预防维修，即定期检查各种设备，以早期发现设备裂化和预测故障发生。组织设备维护保养，避免发生设备故障，对早期发现的故障随时进行修整和维修。同时，设备选型强调标准化，强调预防维修和故障维修并重。

2.2.3 环境管理标准化建设方案

环境条件是实现安全生产的基础保证措施，其直接影响着生产能否进行、安全是否保障，并且对人的生理、心理都有较大影响。改善环境条件，可以减少作业现场的风险，降低职业病及其他疾病的发生率，保证安全生产，提高生产效率。基于此，设计4种建设方案，包括14种具体方法，见表3-4。

1. 自然条件标准化建设方案

根据在建工程地区或者作业现场所在地区的气候、季节特征、作业形式等制定作业现场自然条件要求表（见表 3-5 所示），说明何种自然条件下施工作业具有危险性，不宜进行何种施工作业，从而降低由于自然因素引发的事故。

2.作业条件标准化建设方案

通过提高认识、保障投入、加强监管、增进标准执行力等手段，提高作业现场安全条件标准的执行力度，主要包括以下几个方面：

施工现场的平面布置与划分：施工现场平面布置图是施工组织设计的重要组成部分，必须科学合理的规划，绘制出施工现场平面布置图，在施工实施阶段按照施工总平面图要求，设置道路、组织排水、搭建临时设施、堆放物料和设置机械设备等。

表 3-4　环境管理标准化建设方案

1 自然条件标准化建设方案	设计现场生产自然条件要求和标准表
2 作业条件标准化建设方案	施工现场的平面布置与划分 场地规划 道路规划 封闭管理 临时设施的搭设与使用管理 五牌一图与两栏一报 警示标牌布置与悬挂 材料的堆放 社区服务与环境保护
3 作业人员健康条件标准化方案	施工现场的卫生与防疫 配备卫生人员、适量救护车辆、通信系统
4 作业现场人工环境标准化建设方案	实行"6S 管理" 安全巡检"挂牌制"

表 3-5　现场施工自然条件要求和标准表

作业板块	物理条件									化学条件				
	风力 km/h	温度 ℃	光线	雨	雪	雷电	噪声	粉尘	辐射	湿度	有机毒物	放射性源	有害气体含量		
													CO	H_2S	SO_2

场地：施工现场的场地应当整平，清除障碍物，无坑洼和凹凸不平，雨季不积水，暖季应适当绿化。施工现场应具有良好的排水系统，设置排水沟及沉淀池，现场废

水不得直接排入市政污水管网和河流。现场存放的油料、化学溶剂等应设有专门的库房，地面应进行防渗漏处理。地面应当经常洒水，对粉尘源进行覆盖遮挡。

道路：施工现场的道路应畅通，布设循环干道，满足运输、消防要求。主干道应当平整坚实，且有排水措施，硬化材料可以采用混凝土、预制块或用石屑、焦渣、砂头等压实整平，保证不沉陷，不扬尘，防止泥土带入市政道路。道路应当中间起拱，两侧设排水设施，主干道宽度不宜小于 3.5m，载重汽车转弯半径不宜小于 15m，如因条件限制，应当采取措施。道路的布置要与现场的材料、构件、仓库、吊车位置相协调、配合。施工现场主要道路应尽可能利用永久性道路，或先建好永久性道路的路基，在土建工程结束之前再铺路面。

封闭管理：施工现场的作业条件差，不安全因素多，在作业过程中既容易伤害作业人员，也容易伤害现场以外的人员。因此，施工现场必须实施封闭式管理，将施工现场与外界隔离，防止"扰民"和"民扰"问题，同时保护环境、美化市容。

临时设施的搭设与使用管理：施工现场的临时设施较多，这里主要指施工期间临时搭建、租赁的各种房屋等临时设施。临时设施必须合理选址、正确用材，确保使用功能和安全、卫生、环保、消防要求。

五牌一图与两栏一报：施工现场的进口处应有整齐明显的"五牌一图"，即工程概况牌、管理人员名单及监督电话牌、消防保卫牌、安全生产牌、文明施工牌以及施工现场总平面图。在办公区、生活区设置"两栏一报"，即读报栏、宣传栏和黑板报，丰富学习内容，表扬好人好事。

警示标牌布置与悬挂：施工现场应当根据工程特点及施工的不同阶段，有针对性地设置、悬挂安全标志。

材料的堆放：建筑材料的堆放应当根据用量大小、使用时间长短、供应与运输情况确定，用量大、使用时间长、供应运输方便的，应当分期分批进场，以减少堆场和仓库面积。施工现场各种工具、构件、材料的堆放必须按照总平面图规定的位置放置。位置应选择适当，便于运输和装卸，应减少二次搬运。地势较高、坚实、平坦处，回填土应分层夯实，并有排水措施，符合安全、防火的要求。应当按照品种、规格堆放，并设明显标牌，标明名称、规格和产地等。各种材料物品必须堆放整齐。作业区及建筑物楼层内，要做到工完场地清，拆模时应当随拆随清理运走，不能马上运走的应码放整齐，施工现场的垃圾也应分类集中堆放。

社区服务与环境保护：施工现场应当建立不扰民措施，有责任人管理和检查。应当与周围社区定期联系，听取意见，对合理意见应当及时采纳处理。同时，通过配套法律法规的贯彻实施，有效防治大气污染、水污染、施工噪声污染、施工照明污染和固体废弃物污染等。

3.作业人员健康条件标准化方案

避免因环境污染或不良导致的各种疾病，防止职业病的发生，对于某些突发疾病能够采取及时、有效的现场救助，保证作业人员身体和心理的健康。

方法是制定现场卫生清洁标准，配备具有卫生急救和基本心理健康方面知识的卫生人员（兼职或专职均可）和适量救护车辆、通信系统。

4.作业现场人工环境标准化建设方案

良好的作业现场人工环境可以使作业人员养成良好的习惯，规范行为。

方法一是实行"6S管理"，即以6S管理为标准，以全体作业人员的行为养成为目标，通过对四E（每个人、每件事、每一天、每一处）行为的规范，实行全员控制、生产全过程控制和重点人员控制；方法二是采取安全巡检"挂牌制"，即操作工定期到现场按一定巡检路线进行安全检查，并在现场进行挂牌警示。

2.2.4　安全管理标准化建设方案

引入现代安全管理理念，从传统的经验管理方式发展为科学的管理方式，实现超前、预防型管理模式，变"事后型"为"预防型"的管理模式。采用动态、实时风险预防机制，建立风险预警机制。实施分析、分类的科学管理方法，全面提升施工企业的安全生产管理水平。基于此，设计11项建设方案，包括36种具体方法，见表3-6。

1.优化安全管理机制方案

通过对企业安全管理机制进行优化，采取先进的安全管理模式，提高施工企业的安全管理水平。

方法是构建合理的组织保障体系，即在施工企业原有安全组织网络的基础上，进行必要的加强和调整，增设有关部门，明确职责和权限，明细岗位责任，以保证安全管理职责和责任落实到部门和个人。坚持"谁主管、谁负责"的原则，所有部门和人员都必须承担特定的安全职责，并通过约束机制监督安全职责的落实，即管理与监察结合的保障体系，如图3-2所示。

表3-6　安全管理标准化建设方案

1 优化安全管理机制方案	构建合理的组织保障体系
2 优化安全监察机制方案	设置两级安全监察机制 明确安全监察人员配备要求和标准 完善监察机制及文化配套 明确监察机构职能 实行监察闭环管理 监察方式多元化
3 HSE 管理体系优化及推进	推行无隐患管理模式 强化执行力工程设计并推行"4R"管理模式 建立动态风险预警机制
4 实施安全目标管理方案	制定科学的安全目标体系 合理地分解安全目标 设计科学定量化的目标责任书
5 建设安全信息管理系统方案	建立安全管理台账 建立立体的安全信息采集网络

续表 3-6

6 事故管理规范化方案	建立事故管理信息系统 增强对无伤害事故的管理 规范事故调查程序 事故报告标准化 事故责任认定科学化 完善事故建档、统计分析方法 完善事故责任追究制度
7 完善事故应急救援体系方案	提高应急预案的编制水平 建立事故应急救援的检查制度 事故应急演习方式多样化
8 改进班组安全管理方案	开展班前三讲活动 实行"6预行为"模式 实行动态管理 开展班组风险防范献计献策活动 开展伤害预知预警活动
9 制定严格的作业基准方案	制定明确、严格的作业基准
10 相关方的协调机制方案	合同责任制，做好两合同 定期会议制度 重点事项上报制度 促进合作单位的内部横向交流
11 完善 HSE 业绩考评体系方案	设计合理、实用的安全生产和 HSE 业绩考核和测评指标体系

2. 优化安全监察机制方案

通过设置两级安全监察机制、明确安全监察人员配备要求和标准、完善监察机制及文化配套、明确监察机构职能、实行监察闭环管理以及监察方式多元化等方案设计，实现安全监察机制总体方案的优化。

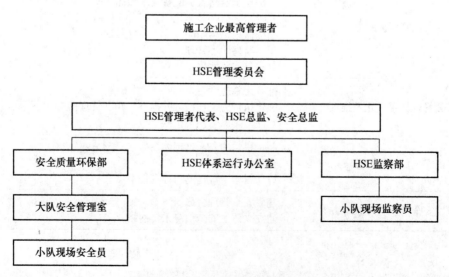

图 3-2 安全体系组织结构图

3. HSE 管理体系优化及推进

管理模式上，推行无隐患管理模式、"4R"管理模式（如图3-3），建立动态风险预警机制（如图3-4），并遵循"预防为主、标本兼治"的原则，落实和实现从"事后管理到事中控制、事前管理"的科学规律，即体现事故管理——事件管理——危险管理——风险管理。识别风险规避风险、不让危险变风险，控制危险降低危险、不让危险演化为事故，遏制事件消除事件、不让事件酿成事故。实现"客观有危险、努力控事件、有效防事故、科学降风险"的状态。

4. 实施安全目标管理方案

通过制定科学的安全目标体系并对其进行分解，对此设计科学定量化的目标责任书，由此实行安全目标管理，将充分启发、激励、调动全体员工在安全生产中的责任感和创造力，有效提高企业的现代安全管理水平。安全管理充分体现了"安全生产、人人有责"的原则，使安全管理向全员管理发展，有利于提高作业人员的安全技术素质。

5. 建设安全信息管理系统方案

通过建立安全管理台账和立体的安全信息采集网络，实时掌握各个生产环节中能量状态信息及流动情况，利用信息对能量进行管理，使系统处理安全状态。利用安全信息，辨识事故征兆，发现事故隐患，预防事故发生。

6. 事故管理规范化方案

建立事故管理信息系统，从事故的调查研究、统计报告和数据分析中掌握事故的发生情况、原因和规律，针对安全生产工作的薄弱环节，采取规避事故的对策，达到防止类似事故重复发生的目的。增强对无伤害事故的管理并规范事故调查程序（如图3-5），通过事故的调查研究和统计分析，实现事故报告标准化（如图3-6）、事故责任认定科学化，不断完善事故建档、统计分析方法、追究制度等，从而为领导机构及时、准确、全面地掌握本系统安全施工状况，发现问题，并做出正确决策，有利于监察和管理部门开展工作。

7. 完善事故应急救援体系方案

通过提高应急预案的编制水平，建立事故应急救援的检查制度，推进事故应急演习方式多样化，由此将紧急事故局部化，并尽可能予以消除，尽量缩小事故对人和财产的影响。

8. 改进班组安全管理方案

班组是施工活动的最小单元，采取成功的班组安全管理方案，即班前三讲活动、"6预行为"模式、动态管理、风险防范献计献策和伤害预知预警活动等，从而可以达到提高员工整体素质、实现安全施工的目的。

9. 制定科学的施工作业基准方案

客观因素无法避免的情况下，制定允许进行施工和作业的"红色警戒线"，为施工提供必要的保障。基准中应明确允许交叉作业的条件、疲劳操作的尺度、夜间施工的标准等，超出此标准就必须停止施工。

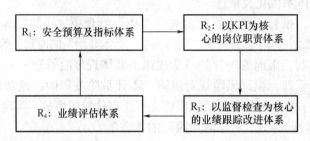

（KPI：关键业绩指标，key performance index）

图 3-3　4R 管理模式流程图

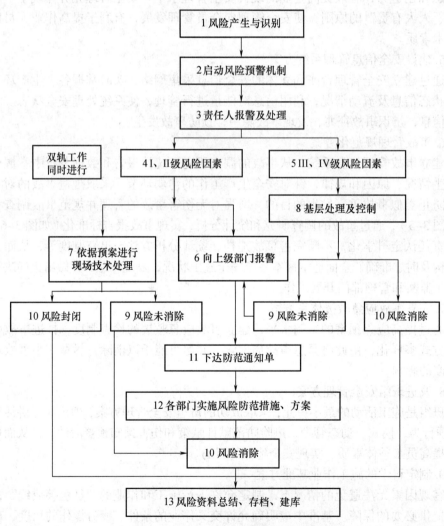

图 3-4　风险报警、预警流程图

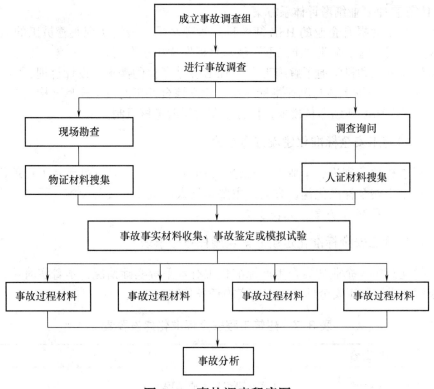

图 3-5　事故调查程序图

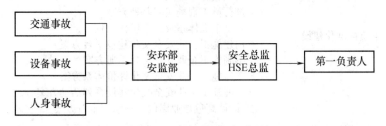

图 3-6　事故报告程序图

10.合理相关方的协调机制方案

目的是强化现场交叉作业管理，明确各方责任，加强现场施工作业协调。

方法一是合同责任制，做好两合同，即外包工程合同，签订合同时明确责任和义务，与劳务公司签订合同时明确人员的安全素质要求，鼓励复岗工上岗等。工程业务安全专项合同，甲乙双方签订合同时，要明确安全施工和 HSE 责任及任务；方法二是定期会议制度，即定期同甲乙方交流和沟通，协调安全生产和 HSE 职责；方法三是重点事项上报制度，即明确要求安全施工和 HSE 重要项目定期、非定期报告机制；方法四是促进合作单位的内部横向交流，即与合作单位定期进行交流，施工企业内部的生产运行部门和安全环保部门等要加强协调。

11. 完善 HSE 业绩考评体系方案

目的是全面提升企业的 HSE 绩效科学管理水平，最终实现改善员工的 HSE 工作表现，为实现施工企业"十二五"经营目标发挥积极作用。

方法是系统和科学地了解施工企业 HSE 业绩考核的需求，设计合理、实用的安全施工和 HSE 业绩考核与测评指标体系，建立综合评价的数学模型，构建对施工企业的"三层"HSE 业绩考核模式，推行定期的年度考核机制。

2.2.5 建筑施工安全标准化建设方案总论

基于事故预防理论、本质安全理论、PDCA 循环模式以及可靠性工程理论，构建了建筑施工安全标准化建设方案，主要包括人员素质、设备设施、环境和管理四方面，共设计了 36 个方案，见表 3-7。

2.2.6 建筑施工安全标准化建设方案实施任务分解表

根据建筑施工企业的安全生产标准化现有水平等实际情况，本着实时性、适用性的原则，设计施工安全标准化方案实施任务分解表 3-8。

表 3-7 建筑工程安全标准化建设要素

一级要素	二级要素
人员素质标准化建设	1 实施班组长素质工程 2 实施班组自律参与制 3 建立安全专业人才培养与引进结合机制 4 推行员工现场实习基地方案 5 安全培训体系及方案优化工程 6 构建施工企业安全文化建设平台方案 7 编制施工企业安全文化手册方案 8 实施施工企业安全文化评价体系方案 9 开展施工企业安全文化建设系列活动方案 10 设计高危作业岗位"三法三卡"方案
设备设施标准化建设	1 设备采购规范化方案 2 资产质量和结构优化方案 3 设备更新现代化方案 4 设备检测专业化方案 5 改进安全设施装置保障水平 6 施工辅助设施完善方案 7 改进安全防护用品方案 8 设备防爆化方案 9 施工工艺技术可靠化方案 10 设备维护保养制度化方案 11 建立设备管理科学化和系统化模式

续表 3-7

一级要素	二级要素
环境管理标准化建设	1 自然条件标准化建设方案 2 作业条件标准化建设方案 3 作业人员健康条件标准化方案 4 作业现场人工环境标准化建设方案
安全管理标准化建设	1 优化安全管理机制方案 2 优化安全监察机制方案 3 HSE 管理体系优化及推进 4 实施安全目标管理方案 5 建设安全信息管理系统方案 6 事故管理规范化方案 7 完善事故应急救援体系方案 8 改进班组安全管理方案 9 制定严格的作业基准方案 10 合理相关方的协调机制方案 11 完善 HSE 业绩考评体系方案

表 3-8 施工安全标准化建设方案实施分解表

序号	类别	方案	启动阶段	完成阶段	牵头部门	配合部门	负责人	备注
1	人员标准化建设方案	实施班组长素质工程	第一阶段	第一阶段	人事部	安全环保部		重点工程
2		实施班组自律参与制	第一阶段	第一阶段	工会、团委	安全环保部		
3		建立安全专业人才培养与引进结合机制	第一阶段	第一阶段	人事部	安全环保部		
4		推行员工现场实习基地方案	第一阶段	第一阶段	安全环保部	人事部		重点工程
5		安全培训体系方案及方案优化工程	第一阶段	第一阶段	安全环保部			
6		构建施工企业安全文化建设平台方案	第一阶段	第二阶段	安全环保部			
7		编制施工企业安全文化手册方案	第一阶段	第二阶段	安全环保部			
8		实施施工企业安全文化评价体系方案	第一阶段	第二阶段	安全环保部			
9		开展施工企业安全文化建设系列活动方案	第一阶段	第一阶段	安全环保部	工会		
10		设计高危作业岗位"三法三卡"方案	第一阶段	第一阶段	安全环保部			重点工程
11	设备设施标准化建设方案	设备采购规范优化方案	第一阶段	第二阶段	设备管理部	财务资产部、物资中心		
12		资产质量和结构优化方案	第一阶段	第二阶段	设备管理部	财务资产部		
13		设备更新现代化方案	第一阶段	第二阶段	设备管理部	财务资产部		
14		设备检测专业化方案	第一阶段	第一阶段	设备管理部	各大队		
15		改进安全设施装置保障水平	第一阶段	第一阶段	设备管理部	安全环保部、各大队		
16		施工辅助设施完善方案	第一阶段	第二阶段	设备管理部			重点工程
17		改进安全防护用品方案	第一阶段	第二阶段	技术发展部	工程技术监督部、工程地质大队		重点工程
18		设备防爆化方案	第一阶段	第二阶段	设备管理部	物资中心、安全环保部		重点工程

序号	分类	方案名称	阶段	主办部门	协办部门	备注
19		施工工艺技术可靠化方案	第一阶段 第二阶段	设备管理部	物资中心、安全环保部	
20		设备维护保养制度优化方案	第一阶段 第二阶段	设备管理部	财务资产部、物资中心	
21		建立设备管理科学化和系统化模式	第一阶段	安全环保部	财务资产部、物资中心、工会	
22	环境管理标准化建设方案	自然条件标准化建设方案	第一阶段	生产运行部	安全环保部	
23		作业条件标准化建设方案	第一阶段	生产运行部	安全环保部	
24		作业人员健康条件标准化方案	第一阶段	生产运行部	安全环保部	
25		作业现场人工环境标准化建设方案	第一阶段 第二阶段	安全环保部	工会	重点工程
26	安全管理标准化建设方案	优化安全管理机制方案	第一阶段	人事部	安全环保部	
27		优化安全监察机制方案	第一阶段	人事部	HSE监察室	
28		HSE管理体系优化及推进	第一阶段	体系办	安全环保部、HSE监察室	重点工程
29		实施安全目标管理方案	第一阶段	安全环保办	企管法规部	
30		建设安全信息管理系统方案	第一阶段 第二阶段	安全环保部	信息中心	
31		事故管理规范化方案	第一阶段	安全环保部		
32		完善事故应急救援体系方案	第一阶段	施工运营部	安全环保部、工程技术监督部等	
33		改进班组安全管理方案	第一阶段	各大队	安全环保部	
34		制定严格的作业基准方案	第一阶段	安全环保部	各大队	
35		合理相关方的防调机制方案	第一阶段 第二阶段	施工运营部	市场开发部、安全环保部	
36		完善HSE业绩考评体系方案	第一阶段	安全环保部	各大队	重点工程

3 建筑施工安全标准化建设案例分析

3.1 工程项目简介

昆明某省属国有大型企业职工集资住房工程，建筑面积 28000m^2，建筑层数 25 层（地下一层），建筑层高：地下层为 3.7m，1 层为 4.5m，2 层为 5.4m，3~25 层为 2.8m，建筑总高 92.8m。地下一层为设备用房及车库，1 层为商业门面及车库，2 层（架空层）为住宅配套设施及中庭环境花园绿化，3~25 层为住宅。云南建工集团某建筑公司施工。

工程结构类型：基础为人工挖孔桩，主体结构为全现浇钢筋混凝土框架 – 剪力墙结构。

工程主要施工机械设备为塔式起重机 1 台，施工电梯 1 台，现场设钢筋加工场和搅拌站。工程脚手架采用型钢悬挑钢管扣件脚手架。

工程地处昆明市区，场地狭窄，安全生产、文明施工要求高，施工单位为树立企业窗口形象，有效杜绝重特大工程事故的发生，结合企业正在开展的职业健康安全管理体系贯标工作，决定按系统安全管理的 PDCA 模式对现场施工实施全过程管理控制，争创昆明市、云南省安全标准化工地。

项目部在开工之初，以公示牌的方式向业主和社会做出了三项承诺：

（1）生产建设施工过程中，根据危险源识别的各类危险，在生产的全过程中贯彻"安全第一、以人为本"全面实施控制；

（2）预防为主、加强宣传、全面策划、合理防范、改进工艺。保证安全资源的落实，保证安全管理目标实现，为企业争取最佳经济效益；

（3）严格遵守国家和地方政府部门颁布的有关安全管理的法律、法规、规范和标准。

3.2 计划（Plan）

3.2.1 项目安全目标

（1）事故负伤频率控制在 0.6%~1.5% 以内；

（2）死亡事故为零，杜绝职业病伤害；

（3）杜绝火灾、设备、管线、食物中毒等重大事故；

（4）没有业主、社会相关方和员工的重大投诉；

（5）达到《建筑施工安全检查标准》JGJ 59—99 优良以上标准，争创昆明市、云南省安全标准化工地；

（6）争创建设部安全文明工地；

3.2.2 危险源的识别、评价和控制策划

一是施工单位进场后，项目经理组织所有管理人员（分包单位）以施工过程中

的所有活动（正常的、周期性和临时性的活动；紧急情况下的活动；进入施工现场所有人员的活动；施工现场所有物料、设施、设备）进行危险源分析。危险源识别考虑了过去、现在、将来三种时态和正常、异常、紧急三种状态。

根据工程的具体情况，本工程的危险源识别按作业活动和工作场所分14类进行：通用施工作业、基础施工、脚手架和安全网搭设作业、高处作业、防水作业、施工用电、机械作业、模板安拆、化学危险品使用和储存、起重吊装和起重机械安装、材料堆码、外用电梯安拆、焊接作业、办公场所。

二是以识别为基础，对危险因素的风险级别进行评价。评价以 LEC 法定量为主要依据，同时考虑建筑施工的特殊性，充分考虑其他四项依据，即不符合法律、法规及其他要求；曾发生过事故，仍未采取有效控制措施；相关方有合理抱怨或要求；直接观察并判断的重大风险。考虑到当前安全生产领域执行法律法规的重要性，凡危险因素涉及违反法律法规的要求，原则上风险级别均判定为重大。

评价结果形成《项目部危险源识别与风险评价清单》，本节通过通用施工作业、脚手架和安全网搭设作业、高处作业等三类作业活动为例说明危险源识别和评价的过程，见表 3-9。

对于风险级别评价为一般的危险源，其控制手段主要有运行控制（即执行企业安全管理规章制度、安全操作技术规程）和监视测量（定期和不定期进行安全检查、考核等）。

三是以风险评价工作为基础，形成本项目部重大危险源及控制措施清单，见表 3-10。对经分析评价出的施工现场重大危险源，控制措施包括：目标、管理方案；运行控制；应急预案；监测；培训教育。可以是其中一种或几种措施的组合。

四是若出现以下情况，需要对《重大危险源及控制计划清单》予以更新。

（1）法律、法规有变化；

（2）设备、设施新增及改造；

（3）安全检查中发现问题；

（4）施工方案改变和相关方要求；

（5）自然灾害等无法预计事故发生。

3.2.3 针对重大危险源的目标及管理方案

凡控制措施涉及需要制定目标和编制管理方案，方能对重大危险源实施有效控制时，应专门制定管理方案。同时，重要部位控制及重大危险源变更后，应重新制定或修订相关管理方案。本节以化学危险品的使用储存为例，说明管理方案的编制要求，见表 3-11。

3.2.4 适用法律、法规、标准和其他要求

（1）项目部组织有关人员对适用于本项目的相关安全法律、法规、标准和规范进行收集、识别。安全员负责将其识别的有关资料列出清单、等级并保存；

（2）收集范围包括：国家有关安全法律、国务院有关部门发出的安全规定、建设部颁布的安全规定和标准、云南省和昆明市有关的安全规定要求和通知；

（3）获取途径包括：上级来文、标准出版机构、专业杂志发布的信息、其他相关政府主管部门；

（4）获取方法包括：通过电话、信函、传真和网络等渠道联系，及时了解安全法律、法规的新动向，购买及订阅有关安全专业报刊；

（5）表 3–12 为本项目部适用法律、法规和其他要求清单的部分内容。

3.2.5　建立本项目安全生产管理文件体系

为使安全管理体系有效运行，应建立和维护本项目的安全生产管理文件体系，具体包括三个层次：

（1）安全保证体系手册（安保计划），为第一层次程序，起纲领性作用；

（2）法律、法规、规范、标准文件，为第二层次程序，起指导和支持性作用；

（3）作业指导书（施工组织设计、专项施工方案、专项安全技术措施、企业的各工种操作规程均为作业指导书），管理规定及安全记录，为第三层次程序，起证实性作用。

表3-9 XXXXXX工程项目部危险源识别与风险评价清单

序号	作业活动	危险因素	可能导致的事故	类别依据(I~V)	作业条件风险评价				风险级别	备注
					L	E	C	D		
1	施工作业	安全技术措施方案未经审批,审核就采用	高处坠落/物体打击/触电等	V	3	1	7	21	一般	
		设备设施未经验收	起重伤害/机械伤害/倒塌等	I					重大	
		无安全技术交底	高处坠落/物体打击/触电等	V	3	1	7	21	一般	
		未按要求做安全检查	高处坠落/物体打击/触电等	V	3	1	7	21	一般	
		允许无证人员操作	起重伤害/触电等	V	3	1	7	21	一般	
		违反安全措施方案	起重伤害等	V	3	1	7	21	一般	
		未使用个人防护用品	起重伤害/机械伤害/触电等	I					重大	
		施工人员无证上岗操作	高处坠落等	V	3	1	7	21	一般	
2	脚手架和安全网搭拆作业	使用不合格的钢管扣件	坍塌/高处坠落	V	1	6	6	18	一般	
		错误使用扣件	坍塌	V	3	2	7	42	一般	
		脚手架基础未平整夯实,无排水措施	坍塌	V	3	6	3	54	一般	
		脚手架底部未按规定垫木和加绑扫地杆	坍塌	V	1	6	7	42	一般	
		脚手架底部的垫木和加绑扫地杆不符合要求	坍塌	V	3	6	3	54	一般	
		架体与建筑物未按规定拉结或结后不符合设计要求	坍塌/高处坠落	V	1	6	7	42	一般	
		未按规定设置剪刀撑或剪刀撑搭设不符合设计要求	坍塌/高处坠落	V	1	6	7	42	一般	
		未按规定设置安全网或安全网搭设不符合要求	高处坠落/物体打击	V	1	6	7	42	一般	
		各杆件之间搭接不符合规定	坍塌/高处坠落	V	1	6	7	42	一般	
		不按规定安装架料平台	物体打击	V	3	6	7	126	重大	
		未使用密布安全网沿外架子内侧进行封闭,网之间连接不牢固,未与架体固定	高处坠落/倒塌	V	1	6	7	42	一般	

续表 3-9

序号	作业活动	危 险 因 素	可能导致的事故	类别依据(I~V)	作业条件风险评价				风险级别	备注
					L	E	C	D		
2	脚手架和安全网搭拆作业	操作面未满铺脚手板，下层未兜设水平安全网，漏洞大、有探头板、飞跳板	高处坠落	V	3	2	7	42	一般	
		操作面未设防护栏杆和挡脚手板或系立安全网	高处坠落	V	3	6	3	54	一般	
		建筑物顶部的架子未按规定高于屋面，高出部分未设护栏和立挂安全网	高处坠落	V	3	6	3	54	一般	
		架体未设上下通道或通道设置不符合要求	高处坠落	V	1	6	7	42	一般	
		集料平台无限定荷载标牌，护栏高度低于 1.5 米，没用密布安全网封严	物体打击	V	1	6	7	42	一般	
		拆除脚手架时，未设警戒线，无人看管	物体打击	V	3	2	7	42	一般	
		非架子工操作	高处坠落/物体打击	V	3	1	7	21	一般	
		疲劳作业	其他伤害	V	3	2	10	60	一般	
3	高处作业	25×25cm 以上洞口不按规定预防	高处坠落	V	3	6	15	270	重大	
		临边护栏高度低于 1.2 米，没用密布网遮挡	高处坠落	V	3	2	7	42	一般	
		电梯井未按规定安装防护门，井道内未按标准设水平安全网	高处坠落	V	3	3	7	63	一般	
		酒后高处作业	高处坠落/物体打击	V	3	2	7	42	一般	
		出入口未搭设防护棚或搭设不符合规范要求	物体打击	V	1	6	7	42	一般	
		周边防护高处低于作业面（点）	高处坠落	V	3	2	7	42	一般	
		拆改防护设施	高处坠落	V	6	6	7	252	重大	
		抛、扔等违反安全操作规程	物体打击	V	3	2	7	42	一般	
		吊运零散物、散件未使用吊笼	物体打击	V	1	2	7	14	一般	
		外挑平台堆料超高、超重	物体打击	V	3	2	7	42	一般	
		未按规定设置安全标志	高处坠落	V	4	6	1	18	一般	
判别依据	I 不符合法律、法规及其他要求；II 曾发生过事故，仍未采取有效控制措施；III 相关方有合理抱怨或要求；IV 直接观察并判断的重大风险；V LEC 法（定量评价）中 D 值大于 70									

表 3-10　XXXXXXX 工程项目部重大危险源及其控制计划清单

序号	危 害 因 素	作 业 活 动	可能导致的事故	控制措施	备注
1	设备设施未经验收	施工作业	起重伤害／机械伤害／倒塌等	D	
2	未使用个人防护用品		高处坠落／机械伤害／触电等	DE	
3	不按规定安装料集材平台	脚手架和安全网搭拆作业	物体打击	ABD	
4	25×25cm 以上洞口不按规定防护	高处作业	高处坠落	BD	
5	拆改防护设施		高处坠落	DE	
6	未达到三级配电、两级保护	施工用电	触电	CD	
7	大模板不按规定正确存放	模板安拆、存放（含支模平台）	物体打击	BD	
8	化学危险品未按规定存放使用（如：涂料、卷材等物质存放不符合规定，油漆库和稀料库房未分开存放）	化学危险品使用和存储	火灾爆炸	ABCD	
9	无资质安装、拆除、维护	起重吊装作业、起重机械安装	起重伤害	D	
10	不正确使用（选用）吊索具		起重伤害	DE	
11	焊渣引燃引起明火	焊接作业	火灾	BCDE	
12	未设置有效的排水措施	基础施工作业	坍塌	ABCD	

控制措施：A 目标、管理方案；B 运行控制；C 应急预案；D 监测；E 培训教育。

表 3-11　XXXXXX 工程项目部职业健康管理方案

方案名称：危险化学品管理方案（防火灾爆炸管理方案）

项目部总目标：无重大安全事故

方案分解目标：确保施工现场化学危险品防范措施到位率100%，杜绝火灾爆炸事故。

方案主管人员	项目经理	方案负责人	×××
方案相关人员	技术员	库管员	安全员

主要技术方案及措施：

首先建立以领导为核心的消防保卫组织，以项目经理担任消防保卫组织的总领导，以领导为首及施工队人员组织起现场义务消防队。消防队要定期学习消防知识，进行现场实际消防演习。

对库管员及有关适用人员进行危险化学品保管要求及消防知识培训、考核。

投入资金4万元，现场搭设专门的危险化学品保管库房，与普通物资隔离保存。

在现场订立消防制度的各项规定，在库房和现场不准随便吸烟，吸烟必须到现场指定的吸烟室，吸烟室要设有防火措施、灭火工具和水。

每月进行现场自检，消防保卫工作的观察，发现问题及时整改，进行月评分考核，以利消防工作顺利进行。

现场实际消防工作的措施，在工地现场布置设施消防栓，有明显的标志，消防栓周围3m以内不准存放东西，保证消防道路畅通。

现场建设消防专用的水泵房，设两台扬程100m的水泵。设立消防管道、消防水龙带、消防箱存放水龙带及水枪，设立一个装有10m³的储水池，有专人看管泵房。在生活区、材料场设立防火水桶及灭火工具，灭火铁锹、勾、斧等，消防工具不许随便动用，如有乱动，发现要重罚。

实　施　计　划			
项目内容	进度计划	完成时间	负责人
消防组织	以领导为首及施工队人员组织起现场义务消防队	（×年×月×日前）	×××
消防知识培训及考核	对库管员及有关人员进行消防知识培训及考核	（×年×月×日前）	×××
专用库房	搭设专门储存危化品的现场库房	（动火前）	×××
现场自检	每月进行现场自检，发现问题及时整改，进行月评分考核，以利消防工作顺利进行	（随工程进行）	×××
布设设施消防栓	现场建设消防专用的水泵房，设两台扬程100米的水泵	（×年×月×日前）	×××
水泵房	工地现场布置设施消防栓，有明显的标志，消防栓周围3米以内不准存放东西，保证消防道路畅通	（×年×月×日前）	×××
拟制人	×××	审核人 ×××　批准人 ×××	

表3-12 XXXXXXX工程项目部适用法律法规和其他要求清单

序号	文件名称	发布单位	文件编号	发布时间	实施时间	实施条款
一	法律					
1	中华人民共和国宪法	全国人代会		2004.3.14	2004.3.14	第42、43、48条
2	建筑业安全卫生公约（劳工第167号公约）	全国人代会		2001.10.27	1991.1.11	全文
3	中华人民共和国刑法	全国人代会	主席令第64号	2001.12.29	2001.12.29	第131~139、246、397条
4	中华人民共和国劳动法	全国人代会	主席令第28号	1994.7.5	1995.1.1	第52~57、92、93条
5	中华人民共和国消防法	全国人代会	主席令第4号	1998.4.29	1998.9.1	全文
6	中华人民共和国建筑法	全国人代会	主席令第91号	1997.11.1	1998.3.1	全文
7	中华人民共和国安全生产法	全国人代会	主席令第70号	2002.6.29	2002.11.1	全文
8	中华人民共和国传染病防治法	全国人代会	主席令第17号	2004.8.28	2004.12.1	全文
9	中华人民共和国工会法	全国人代会	主席令第62号	2001.10.27	2001.10.27	全文
10	中华人民共和国行政处罚法	全国人代会	主席令第63号	1996.3.17	1996.10.1	全文
二	标准、规范					
1	职业健康安全管理体系、规范	国标局	GB/T 28001—2001	2001.11.12	2002.1.1	全文
2	职业安全卫生术语	国标局	GB/T 15236—94	1994	1994	全文
3	安全带	国标局	GB 6095—6096—85	1985.6.11	1986.2.1	全文
4	安全色	国标局	GB 2893—82	1982.2.1	1982.8.1	全文

续表 3-12

序号	文件名称	发布单位	文件编号	发布时间	实施时间	实施条款
5	安全帽	国标局	GB 2811—89	1989	1990.8.1	全文
6	安全网	国标局	GB 5725—97	1997	1998.1.1	全文
7	安全标志	国标局	GB 2894—1996	1996	1996	全文
8	消防安全标志	国标局	GB 13495—1992	1992	1992	全文
9	高处作业分级	国标局	GB 3608—83	1983.4.15	1984.1.1	全文
10	特种作业人员安全技术考核管理规划	国标局	GB 506—85	1985	1985	全文
11	企业职工伤亡事故分类	国标局	GB 6441—86	1986	1986	全文
12	企业职工伤亡事故调查分析规则	国标局	GB 6442—86	1986	1986	全文

审批:

编制:

年　月　日

3.3　实施（Do）

3.3.1　明确项目部安全管理组织机构与职责权限

编制项目部安全管理网络图，如图 3-7 所示。

编制项目部职能分配表 3-13。

制定书面的项目部有关管理人员职责权限规定，其内容应与职能分配表一致。

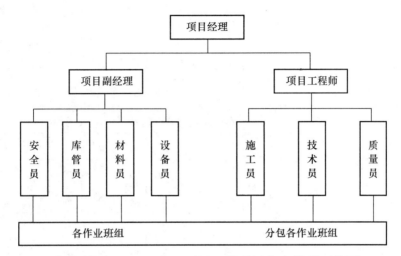

图 3-7　××××××工程项目安全管理网络图

3.3.2　开展安全教育培训

一是通过对项目部管理人员及全体施工人员进行培训，提高全体施工人员的安全管理意识，保护自己及不伤害他人的技能，共同实现项目部提出的安全管理目标及承诺。

二是将培训对象分三类：

（1）新工人、普通工人、特种作业人员；

（2）一般管理人员、技术人员、项目部各级领导；

（3）特种作业人员以及管理人员资质培训均由第三方负责培训。

三是培训内容包括：

（1）安全管理、环境管理基础知识；

（2）施工管理人员的安全专业知识；

（3）施工现场安全规章、文明施工制度；

（4）特定环境中的安全技能及注意事项；

（5）监护和监测技能；

（6）对潜在的事故隐患或发生紧急情况时如何采取防范及自我解救措施。

四是节假日、上岗前、事故后、工作环境改变时，应进行针对性的安全教育；对分包队伍进行入场安全教育及平时安全教育；新进职工必须经过三级安全教育和建立劳动保护教育卡才能上岗。

表 3-13 XXXXXX 工程项目部职能分配表

序号	安全保证体系要素	项目经理	项目副经理	项目工程师	项目部管理人员						
					施工员	技术员	材料员	设备员	安全员	库管员	资料员
3.2.1	安全目标	☆	△	△	△	△	△	△	○	△	△
3.2.2	危险环境辨识			☆	△	△	△	△	○	△	△
3.2.3	法律法规			☆	△	△	△	△	○	△	△
3.2.4	保证体系	☆	△	○	△	△	△	△	△	△	△
3.3.1	组织结构	☆	○	△	△	△	△	△	△	△	△
3.3.2	教育培训		☆	△	△	△	△	△	△	○	△
3.3.3	文件控制		☆	△	△	△	△	△	△	△	△
3.3.4	采购及验收		☆	△	△	△	△	○	△	△	△
3.3.5	分包控制		☆	△	△	△	△	△	△	○	△
3.3.6	施工过程控制	☆	☆	△	○	△	△	△	△	○	△
3.3.7	应急救援		☆	△	△	△	△	△	△	△	△
3.4.1	安全检查	☆	○	△	△	△	△	△	△	△	△
3.4.2	纠正和预防措施		☆	△	○	△	△	△	△	△	△
3.4.3	内部审核	☆	△	○	△	△	△	△	△	△	△
3.4.4	安全评估	☆	△	△	△	△	△	△	○	△	△
3.4.5	安全记录		☆	△	△	△	△	△	△	△	○

☆ 主管领导 ○ 主管部门 △ 相关部门

3.3.3 安全物资采购与进场验收

一是为加强源头控制，必须保证施工现场采用的各类安全防护用品、安全设施符合要求。

二是项目部或项目部上一级采购的安全防护设施及用品必须按企业颁布的合格供应商名录优先采购，离开名录的要对供应商进行评价，报公司主管部门批准。

三是确定供应商评价条件：

（1）生产技术、生产管理和质量保证能力；

（2）营业执照、生产许可证；

（3）市场信誉和履行能力。

四是进行进场验收：

（1）自行（公司或上一级）采购验收：对照规格、型号、数量；目测外观；监察质量保证书；合格证及检验报告；查核供应商是否在合格供应商名录中；

（2）租赁设备材料机械验收：按合同或协议签订的规格、型号、等级；质量保证书；合格证或检验报告；复印件；目测外观；

（3）调拨进场验收：调拨单复印件；质保书、合格证或检验报告复印件；必要时抽样送检；

（4）分包方自带或自购材料的验收；项目部安全员、材料员（机管员）会同分包方安全员、材料员（机管员）进行共同验收；分包方必须提供质量保证书、合格证或检验报告。

3.3.4　分包控制

一是为保证生产过程的安全管理活动正常，对选用劳务和分包单位实施控制及管理，保证安全保证体系运行正常。

二是分包队伍的选择应在公司颁布的合格分包方名录中优先挑选，由于专业需要在名录外挑选，要对分包单位进行评价，报公司主管部门批准录用。

三是确定评价条件：

（1）营业执照、企业资质、入滇许可证；

（2）分包方的业绩；

（3）分包方人员的技术、质量、安全管理能力；

（4）承担本项目的生产能力。

四是订立分包合同：

（1）同分包方签订分包合同的原则，各项条款必须符合工程承包合同的规定；

（2）签订分包合同的同时签订安全生产、文明施工、消防治安、廉正等协议；

（3）合同中明确分包方进场人员的资质要求；

（4）合同中明确分包方提供的设备要求。

五是项目部对分包管理规定如下：

（1）确认分包方进场管理人员和作业人员的资质和有关证件；

（2）对分包进场的物资、工具设施、设备进行验证；

（3）对分包方编制的专项施组和方案（包括安全技术措施）进行确认；

（4）对分包进行现场安全总交底，双方签字。

六是定期对分包单位进行业绩考评。

3.3.5　施工过程控制

一是项目管理部通过制定施工组织设计、专项安全技术、安全施工方案并执行企业的各项管理制度和作业指导书，对重点部位和重要环境因素有关的运行活动制定相应的控制程序和措施，并对其进行有效管理。

二是对重点部位管理：

（1）项目部对危险源辨识所列入的重大危险源的管理；

（2）编制专项安全技术方案和环境管理方案；

（3）对作业人员和监护人员进行交底并形成记录。

三是对安全运行管理：

（1）总包对分包进行进场安全总交底；

（2）防护设施及安全防护用品进场，并按采购管理要求执行；

（3）核实项目部管理人员及作业人员的资格能力鉴定，按规定对所有人员进行安全教育，按建设部《建筑企业职工安全培训教育暂行规定》（建教〔1997〕83号）规定，安排项目部有关人员及特殊工种培训，根据职责分配组织各项安全交底，按规定提供作业人员必须的劳动防护用品；

（4）对进场的物资、小型设备组织专人进行验收、标识；

（5）对现场搭设设施和大型机具设备的装拆及使用组织专人进行验收标识，内容包括：

脚手架、模板支架搭拆及使用，需有方案、交底、监护、书面资料；

井架、人货两用梯、塔吊、龙门吊安装后必须经昆明市建设工程安全监督站验收后，出具验收合格证，方可使用；

大型移动吊车必须具有年检证书方可使用；

（6）各种防护设施投入使用前必须组织验收。

3.3.6 事故的应急救援

一是项目部制定本项目生产活动过程中可能发生的各类紧急事故的应急救援方法及程序，以明确各类事故在发生后所应及时采取的对策和措施，控制并减缓事故所可能产生的影响。

二是对本项目制定10个专项预案，分别是：

（1）坍塌事故（基坑作业、模板安装拆除作业）；

（2）倾覆事故（脚手架搭拆、塔吊和施工电梯装拆作业）；

（3）物体打击事故；

（4）机械伤害；

（5）触电事故；

（6）环境污染事件；

（7）高空坠落事故；

（8）火灾；

（9）施工中挖断水、电、通信电缆、煤气管道；

（10）食物中毒。

三是根据施工现场实际情况可定期、不定期演习预案，定期检查施工现场设施、机具及消防器材。

四是事故发生或演习后，对应急救援预案的实际效果进行评价，必要时进行修订。

3.4　检查（Check）与改进（Act）

3.4.1　安全检查

一是项目部建立安全检查制度，对施工现场的安全状况和业绩进行日常的理性检查，以掌握施工现场安全生产活动和结果的信息，保证安全管理目标实现。

二是确定安全检查制度的内容：

（1）明确本项目的检查范围；

（2）明确定期的时间概念；

（3）明确有哪些人参加检查；

（4）明确检查内容、检查标准和记录方法；

（5）明确检查和检验的分类；

（6）做好检查和验收后的标识。

三是确定安全检查的内容：

（1）项目安全目标的实现程度；

（2）安全检查落实情况；

（3）遵守适用法律法规、规范标准和其他要求的情况，重点依据 JGJ 59—99《建筑施工安全检查标准》进行检查评分；

（4）生产活动是否符合施工现场安全保证体系文件的规定；

（5）重点部位监控、措施、方案、人员、记录的落实；

（6）安全检查，对人的意识和行为、物的不安全状态及符合安全标准进行分析，发现不符合规定和存在隐患的设施、设备，制定措施进行纠正，并跟踪复查。

3.4.2　纠正措施和预防措施

一是政府、上级机构、社会相关方的投诉或监理、内部发现各种安全生产不合格项时，应采取纠正及预防措施。

二是确定安全生产不合格的种类：

（1）违反施工现场安全保证体系的条款；

（2）违反国家法律法规、规范标准和其他要求；

（3）同企业的管理规章制度要求不符合。

三是不合格程度区分：

（1）严重不合格。

体系运行出现系统性失效。例如某一要素、某一关键过程重复出现失效现象，即多次重复发生，而又未能采取有效的措施加以纠正，因而形成系统性失效的不符合现象；

体系运行出现的区域性失效，一级要素全面失效；

体系运行后造成了严重的安全和环境危害的恶劣影响；

（2）一般不合格。

对满足安全保证体系和环境要求而言，是个别的、偶然的、孤立的、性质轻微的问题。

四是确定不合格的处理和分类：

（1）一般不合格处理。

安全检查中发现的不合格事件由责任班组或分包单位制定纠正措施，报工程项目部，并由工程师组织评价审批。

（2）一般事故和重大事故发生。

抢救伤员及国家财产；

保护现场；

按程序向各级主管领导和主管部门报告；

项目工程师组织有关人员对事故发生的原因进行调查分析，提出纠正意见；

由有关人员建议编制纠正措施，并报工程项目部；

项目工程师组织有关领导和要求有关专家对纠正措施进行评价；

安全员监控纠正措施的落实，记录纠正措施的实施过程；

项目经理组织有关人员对施工现场进行检查，防止同类事故再次发生。

3.4.3 内部审核

一是对本项目进行安全管理体系内部审核，验证执行企业安全管理方针及本项目安全管理目标的情况。

二是内审在工程项目不同阶段组织进行，第一次内审在工程项目基础阶段完成或占总进度的 25% 左右时开展，并在主体、装饰施工阶段组织第二、三次内审。

三是审核人员必须有一定的专业知识，经过培训持证，审核人员与被审领域无直接责任关系。

四是应编制审核计划，审核人员应根据项目标准、项目安保计划及相关作业指导文件制定审核要点。

五是审核人对项目部安全管理体系是否符合《职业健康安全管理体系》GB/T 28001 标准作出判定，对不满足标准要求的事实出具不合格报告，本项目内审开出的不合格报告见表 3-14。

六是审核完毕形成符合报告，内容包括：

（1）安全保证体系文件是否符合 GB/T 28001 标准；

（2）现场使用的法律法规清单符合情况；

（3）职能设置同职责设置是否合理，特殊工种和施工人员是否符合要求；

（4）施工现场安全设施、施工机具等是否符合要求并得到控制；

（5）发现不合格报告，纠正措施是否有效；

（6）评价安全保证体系的运行是否有效、适宜、适合。

3.4.4 安全评估

一是项目部分别在基础、主体和装修三个主要施工阶段完成后，对本项目安全管理体系的有效性、适宜性、适合性进行评估，确保后一阶段的施工能顺利完场各项安全管理目标。

二是确定安全评估内容：

（1）安全管理目标实施情况；

（2）重点部位和重要环境因素控制情况；

（3）项目部安全管理体系文件的符合性；

（4）职能设置同职责设置是否合理，作业人员的尊长守纪情况；

（5）进入施工现场的各类机具及安全防范设施的搭设是否满足标准；

（6）对安全管理体系运行的有效性、适宜性和适合性进行评价。

3.4.5　现场事故预测

1. 专家现场综合评价

本次分析评价考虑了影响建筑安全的 9 个方面，即脚手架、基坑模板、三宝四口、施工用电、物料提升机与外用电梯、塔吊、起重吊装、施工机具、安全管理（即《建筑施工安全检查标准》JGJ 59—99 十个项目中的九个项目，文明施工因不涉及事故发生不列入分析）。由集团总公司在工程的基础施工阶段和主体施工阶段组织专家对此项目进行了两次检查和评价，在此基础上进行问卷调查，权重在 JGJ 59—99 标准评分表的基础上适当调整，其中包括 27 个类别，专家评审组为 8 人，专家评价结果见表 3-15。

2. 脚手架指标评价矩阵确定

首先确定评价因素，根据表 14-7，影响"脚手架"安全的因素有 3 个，由此组成的论域为：

U=｛拉结（u_1），脚手板（u_2），安全网（u_3）｝

评价集有 6 个，由此组成的评价论域为：

V=｛特别安全（V_1），安全（V_2），较安全（V_3），临界（V_4），危险（V_5），很危险（V_6）｝

其次确定各因素隶属度，专家 8 人中对"拉结"的评价：没有人认为"特别安全"，占 0%；2 人认为"安全"，占 25%；5 人认为"较安全"，占 62.5%；1 人认为"临界"，占 12.5%；没有人认为"危险"和"很危险"，各占 0%，则"拉结"的隶属度为：

R_1=（0，0.25，0.625，0.125，0，0）

同理，可以得到"脚手板"和"安全网"的隶属度。

则可得到"脚手架"中 3 个因素组成的评价矩阵：

$$R_1=\begin{bmatrix} 0 & 0.25 & 0.625 & 0.125 & 0 & 0 \\ 0 & 0 & 0.5 & 0.375 & 0.125 & 0 \\ 0 & 0.125 & 0.875 & 0 & 0 & 0 \end{bmatrix}$$

3. 确定权重

根据专家对当前施工现场的现状掌握和对评价因素的分析，评价组对影响施工安全的因素进行了安全重要性的对比，预先利用层次分析法得到各种评价因素的权重值，如表 14-7 所示。由此可知，"拉结"、"脚手板"和"安全网"的权重数构成因素集的一个模糊向量：

A_1=（0.5，0.2，0.3）

4. 脚手架安全综合评价

B_1=A_1R_1=（0，0.1625，0.67，0.13，0.02，0）

5. 评价指标隶属度确定

对评价论域的各个评价值分别赋值得 v =（0，0.2，0.4，0.6，0.8，1），则可得到脚手架安全情况隶属度：$\lambda_1=vB_1^T$=0.397。同理可得：

基坑模板安全情况隶属度：λ_2=0.4325

三宝四口安全情况隶属度：λ_3=0.53

施工用电安全情况隶属度：λ_4=0.4125

井架电梯安全情况隶属度：λ_5=0.44

塔吊安全情况隶属度：λ_6=0.31

起重吊装安全情况隶属度：λ_7=0.3625

施工机具安全情况隶属度：λ_8=0.4

安全管理情况隶属度：λ_9=0.4725

6. 概率系数确定

评价组根据云南建工集团近 10 年的死亡事故统计资料，取值如下：

α_1=0.169；α_2=0.115；α_3=0.291；α_4=0.108；α_5=0.047；α_6=0.081；α_7=0；α_8=0.061；α_9=0.087。

7. 现场发生安全事故的概率预测

由预测模型可得：

$$P = \sum_{j=1}^{n} a_j b_i = 0.169×0.397 + 0.115×0.4325 + 0.291×0.53 + 0.108×0.4125$$
$$+ 0.407×0.4 + 0.081×0.31 + 0.041×0.3625 + 0.061×0.4 + 0.087×0.4725 = 0.442$$

一般来说，P 值超过 0.25 时就要就要引起注意，超过 0.5 出现事故的可能性就很大，因此从概率预测结果看，此现场的事故发生概率偏高，特别是在基坑模板、三宝四口、井架电梯和安全管理几个方面特别引起重视，需要有针对性地采取预防管理措施，有效预防特大事故的发生。

3.5 项目实施改进型 PDCA 安全管理模式后的对比分析

本项目工期 11 个月，工期紧、施工场地狭窄。整个施工过程中未发生一起重伤及重伤以上生产安全事故和职业病伤害，并被昆明市建管局授予"昆明市安全标准化示范工地"的称号，实现了预期的管理目标，取得了较好的社会和经济效益。项目部通过安全管理的 PDCA 改进应用模式实施系统安全管理，通过与以往传统安全管理模式的比较分析，工作有以下明显改进：

（1）项目安全管理运行机制进一步规范化和制度化。首先，体现在工作职责明确，每个管理岗位都有自己的分工要素和岗位职责权限，有效避免了工作中的推诿扯皮现象；其次，工作流程通过项目安保计划更加明确，对于不同的问题采取什么样的应对措施，管理人员能做到心中有数；最后，贯标后的管理要求开展工作前要有依据（文件规定），工作开展中和完成后要留下证据（工作记录），避免了以往安全管理就凭"一张嘴"，出现问题或发生事故没有资料追溯的情况。

（2）现场安全生产进一步体现了"预防式"控制。由于系统安全管理是以危险源识别、评价和控制策划为核心，在开工之初项目部就根据工程的施工活动和现场布置对危险源进行了相对完整的识别，并评价出重大危险源，制定了管理目标和工作方案。因此，管理人员对每一施工阶段的安全控制重点能做到提前掌握，避免了安全控制"见子打子"的临时性工作习惯。对建筑企业而言，传统安全管理在很大程度上依赖于安全管理人员的工作经验和阅历，有经验的安全管理人员一定程度上能预见下步工作的危险性，能及时进行提醒和采取措施；而年轻、缺乏经验的安全管理人员则缺乏预见性，往往出现问题和发生事故才认识到安全隐患，因此同一个企业，不同项目的安全管理水平差异很大。特别是近年来云南建工集团范围内安全管理业务系统人员"青黄不接"的现象突出，大量年轻同志走上了安全管理岗位，通过推行系统安全管理的工作模式，可以很大程度上弥补年轻同志经验不足的弱点。

（3）促使项目负责人更加重视安全生产工作。由于实施系统安全管理是一种企业行为，企业和项目的体系文件都明确了项目负责人的职责和义务，从形式上督促其必须认真执行。加之企业通过第三方认证后，这与企业的形象和市场竞争力密切相关，因此很大程度上改变了项目负责人重效益不重安全的倾向。

（4）群众的积极性被有效调动，安全意识得到切实加强。由于项目部要接受内审、外审，很多时候要审核到一般工作人员乃至操作班组的具体工作，设计大量法律、法规、标准和规定，因此必须熟悉安全管理体系文件，甚至需要将重要条款背下来，表现出很大的积极性。

（5）职工队伍素质得到了锻炼提高。通过推行系统安全管理，培养、锻炼了一大批职业健康安全管理的内行和明白人，其中不少是生产一线的技术和生产管理骨干，这对企业搞好安全生产工作是最宝贵的财富。

（6）取得了较好的社会和经济效益。通过在项目实施体系化管理，施工安全和工地形象较以往有了较大改变，安全事故的降低减少了项目部的相关赔偿支出，同时本项目由于管理规范，赢得了业主的信任，此项目部又承接了业主的后续近1个亿的工程任务。同时，昆明市在此项目施工现场召开了全市安全标准化经验交流会，也使项目经理树立了自己的个人品牌。

3.6　应用过程中存在的问题及建议

3.6.1　存在问题

尽管通过推行PDCA安全管理模式，本项目的安全生产管理在标准化和规范化效果明显，但仍存在一些问题需要引起重视。

（1）GB/T 28001标准的非强制性特征决定其与一般法律法规不同，安全管理体系贯彻的效果更多的是取决于企业和项目负责人的自身意愿，尽管有外部审核，但其力度和影响远远不能同政府监管比较。特别云南省建设主管部门至今仍未将职业健康安全体系认证纳入招投标的条件要求，影响了企业推动这项工作的积极性。

（2）建筑企业安全文化匮乏。改革开放后，建筑企业的所有制模式和管理模式发生了巨大变革，生产技术和生产规模已初步具备"现代化"的雏形，但作为基础的"工业文化"尚未形成。技术与装备可以通过资本投入迅速解决，而"工业文化"的形成除资本外，还需要大量的智力投入和时间积累。安全文化作为"工业文化"的内容之一，在短时间内不能形成。因此，安全文化建设的滞后决定了系统安全管理方式要被广大员工接受，需要花很多精力进行说服教育工作。

（3）建筑企业负担过重导致投入不足。由于建筑业是竞争性行业，加之招投标过程中压价、垫资情况普遍，施工单位利润微薄，有时连正常的生产都难以维系，安全管理难以增加更多的投入。本项目在实施过程中，由于业主付款不及时，一些重大危险源管理方案中计划的安全资金，项目部就感到力不从心。

（4）建筑市场的不规范现象导致安全管理体系的完整性难以保持。与制造业生产域的封闭式管理不同，建筑企业的生产现场具有相当大的开放性，特别当前业主肢解分包工程的情况很普遍，总承包单位往往只背负对现场安全生产总负责的名义，对业主指定的分包单位却没有实际的经济控制手段，权利和义务不对等。如本工程进入装修阶段后，先后有8家装饰、门窗、防水和安装分包单位进场，现场较为混乱，总承包单位项目部对此也无可奈何。

（5）操作层人员素质偏低导致习惯性违章行为扭转困难。建筑业是高危行业，当前建筑企业自有职工基本上已退出施工操作一线，取而代之的是大量未经系统培训就上岗的农民工。由于企业与农民工是临时性的雇佣关系，经济利益成为两者联系的唯一纽带，容易导致农民工只关注眼前的经济利益，工作只图方便、快捷，对现场的严格管理具有抗拒心理。

（6）在体系运行上，对施工现场危险源的辨识还有不到位之处。随着工程的进展，实践中也发现本项目开工之初的危险源辨识，主要强调了按作业活动过程进行划分、进行辨识，对工作场所的考虑不足，造成通用性较强，针对性不足，遗漏了现场一些辅助场所的危险源识别。如本工程的危险源清单，事后经审核发现忽略了办公室用电、现场临时围墙、进出工地运输车辆等危险源。

3.6.2 解决建议

通过对本项目PDCA安全管理模式运行完整过程的跟踪，不难发现建筑企业施工现场推行系统安全管理有其行业独有的特点和诸多困难因素，建筑施工安全管理水平的提升不是一项孤立的工作，它与建筑市场管理的规范化程度密不可分，政府主管部门在其中起到十分关键的作用，但在以下几方面应进行改进：

（1）政府主管部门应制定政策，积极推动建筑企业开展职业健康安全管理体系贯标认证工作。从我国情况看，北京、上海等发达地区均已将职业健康安全认证作为企业参与工程投标的"门槛"，云南省建设主管部门应借鉴这一做法，鼓励更多的企业推行系统安全管理模式。而且，如果企业建立了较好的安全管理自我约束机制，也可在很大程度上缓解政府监管力量不足的矛盾。

（2）应加大力度治理业主随意肢解工程的行为，保证施工现场安全管理的完整性。尽管现行法规中有"建设单位不得对勘察、设计、施工、工程监理单位提出不符合建设工程安全生产法律、法规和强制性标准规定的额外要求，不得压缩合同约定工期"，以及"分包单位应当服从总承包单位的安全生产管理，分包单位不服从管理导致生产安全事故的，由分包单位承担主要责任"等规定，但往往执行中缺乏可操作性，政府部门监督总承包单位容易，监督业主和分包单位难。建议有关主管部门制定更具操作性的措施，切实将业主的安全责任纳入监管，使当前业主很多常见的影响安全生产的违规行为得到有效制止。

（3）建筑企业人员要更新观念、意识到位。各层管理者都要认识到贯彻职业健康安全标准是管理的检验尺，工作做得好不好，管理到不到位，都能够从贯标过程中得到反映。实践证明，企业安全管理水平如何，问题在哪里，通过贯标内审，都能起到防患于未然、提高安全管理水平的效果。

（4）提高培训质量，注重针对性、实用性。建筑施工企业要注意培养安全管理专家型人才，通过其超前思维和经验，使企业少走弯路。项目管理中，项目经理、项目部总工的安全管理意识、安全管理水平如何，直接影响项目部安全管理工作开展的效果。同时还要注重对农民工的安全教育和培训，引导其主动关注生产安全，减少习惯性安全违章行为。

（5）改进企业安全管理体系文件。要根据企业的实际情况，对体系文件进行精心调整，保证文件要求始终保持比现有运作水平略高一个台阶，从而使文件成为日常工作的指导和引路灯。不能使文件与现实差距太大，否则根本无法实施；也不可使文件要求比现实低，否则文件将徒有虚名。同时，注意使体系文件与企业的其他文件相互匹配，如岗位标准、员工手册等共同规范和引导员工的行为。

（6）标准化管理。推行项目标准化管理，是企业走向信息化管理的必由之路，也是施工企业做大做强、减少管理耗费的有效途径。企业要长远规划工程项目的标准化管理，从项目部结构设计、外部展示、岗位设计、薪酬设计、管理流程设计、作业标准化管理、劳务队管理、采购管理、设备管理等各个方面，推行标准化管理。当前建设部正在大力推广的"安全标准化工地"创建活动，将极大推进建筑施工企业安全标准化管理的步伐。

（7）注重营造企业"安全文化"。强调人的价值与生产价值的统一，充分发挥其导向功能、凝聚功能、规范功能、辐射功能和激励功能，使员工从"要我安全"转到"我要安全"，做到严格管理与人文关怀的有机结合，可使 PDCA 安全管理模式的运行起到事半功倍的效果。

表 3-14　施工现场安全生产保证体系审核不合格报告

受审核方上级单位	××××× 建筑工程有限公司	审核编号	NS2005-2
受审核施工现场	××××× 工程	不合格报告编号	NS2005-2
发生地点（部门、岗位）	材料库房	陪同人员	陈××

不合格事实：
　　要求：现场安全设施及设备等有进货记录、验收记录和复试报告。
　　缺陷：有防护用品等进货、验收记录，无复试报告。
　　不符合：■ GB/T 28001—2001 标准　　　　　　条款号：4.4.6
　　　　　　■施工现场安全保证计划 第二版　　　条款号：3.6.1
受审核施工现场代表（签字）：陈××　　　　　　　　　审核员：李××
　　　　　　　　　　　　2005 年 11 月 10 日　　　　　　2005 年 11 月 10 日

原因分析：
　　①认为所进和所调拨购买的材料已有合格证，不必再复试。
　　②有关复试工作在分工中不明确，责任人落实不到位。
纠正措施：
　　①对原有设备、设施中没有经过复试的材料和器具停止使用。
　　②落实责任人、责任制，对所有应复试材料进行复试。
　　③强化约束机制，制定奖罚条例。

计划完成日期：2005 年 11 月 13 日　　　　　　　受审施工现场代表：黄××
　　　　　　　　　　　　　　　　　　　　　　　　2005 年 11 月 10 日

纠正措施验证评价：
　　纠正措施已得到认真执行、实施有效。

验证结论：■转为合格　■转为一般不合格　■保持原水平
　　　　　　　　　　　　　　　　　　　　　　　审核员：李××
　　　　　　　　　　　　　　　　　　　　　　　2005 年 11 月 15 日

表 3-15　建筑施工安全综合评价

项目权重 %	内容类别权重 %	评价矩阵 R*					
		特别安全	安全	较安全	临界	危险	很危险
脚手架（15）	拉结（50）	0	2	5	1	0	0
	脚手板（20）	0	0	4	3	1	0
	安全网（30）	0	1	7	0	0	0
基坑模版（15）	坑壁支护（30）	0	4	4	0	0	0
	排水设施（20）	0	5	3	0	0	0
	模板支撑系统（50）	0	0	2	5	1	0
三宝四口（15）	安全帽（20）	0	2	4	0	2	0
	安全带（40）	0	1	0	2	5	0
	临边防护（40）	0	2	3	3	0	0

续表 3-15

项目权重 %	内容类别权重 %	评价矩阵 R*					
		特别安全	安全	较安全	临界	危险	很危险
施工用电（15）	外电保护（20）	0	6	2	0	0	0
	配电箱开关箱（50）	0	1	5	2	0	0
	现场照明（30）	0	0	3	3	2	0
井架电梯（10）	限位装置（30）	0	1	4	3	0	0
	楼层防护（50）	0	1	3	3	1	0
	荷载（20）	0	6	1	1	0	0
塔吊（10）	保险装置（40）	0	7	1	0	0	0
	指挥（40）	0	2	4	2	0	0
	多塔作业（20）	0	5	2	1	0	0
起重吊装（5）	施工方案（50）	0	2	6	0	0	0
	钢丝绳（20）	0	5	2	1	0	0
	指挥（30）	0	3	5	0	0	0
施工机具（5）	搅拌机（30）	0	6	2	0	0	0
	手持电动工具（40）	0	1	6	1	0	0
	钢筋机械（30）	0	1	2	3	2	0
安全管理（10）	安全教育（30）	0	0	2	2	4	0
	施工组织（20）	0	4	3	1	0	0
	检查处理（50）	0	2	3	3	0	0

注：评价矩阵各列为专家赞同的人数。

4　开展建筑施工安全标准化工作的要点和策略

4.1　开展建筑施工安全标准化工作的要点

4.1.1　提高认识，加强领导，积极开展建筑施工安全标准化工作

建筑施工安全标准化工作是加强建筑施工安全生产工作的一项基础性、长期性的工作，是新形势下安全生产工作方式的创新和发展。各地建设行政主管部门要在借鉴以往开展创建文明工地和安全达标活动经验的基础上，督促施工企业在各环节、各岗位建立严格的安全生产责任制，依法规范施工企业市场行为，使安全生产各项法律法规和强制性标准真正落到实处，提升建筑施工企业安全水平。各地要从落实科学发展观及构建和谐社会的高度，充分认识开展建筑施工安全标准化工作的重要性，加强组织领导，认真做好安全标准化工作的舆论宣传及先进经验的总结和推广等工作，积极推动安全标准化工作的开展。

4.1.2　采取有效措施，确保安全标准化工作取得实效

各地建设行政主管部门要抓紧制定符合本地区建筑安全生产实际情况的安全标准化实施办法，进一步细化工作目标，建立包括有关建设行政主管部门、协会、企业及相关媒体参加的工作指导小组，指导建筑施工企业及其施工现场开展安全标准化工作。改进监管方式，从注重工程实体安全防护的检查，向加强对企业安全自保体系建立和运转情况的检查拓展和深化，促进企业不断查找管理缺陷，堵塞管理漏洞，形成"执行——检查——改进——提高"的封闭循环链，形成制度不断完善、工作不断细化、程序不断优化的持续改进机制，提高施工企业自我防范意识和防范能力，实现建筑施工安全规范化、标准化。

4.1.3　建立激励机制，进一步提高施工企业开展安全标准化工作的积极性和主动性

各地建设行政主管部门要建立激励机制，加强监督检查，定期对本地区施工企业开展安全标准化工作情况进行通报，对成绩突出的施工企业和施工现场给予表彰，树立一批安全标准化"示范工程"，充分发挥典型示范引路的作用，以点带面，带动本地区安全标准化工作的全面开展。

建设部将定期对各地开展安全标准化的情况进行综合评价，评价结果将作为评价各地安全生产管理状况的重要参考。同时，建设部将定期对各地安全标准化"示范工程"进行复查，对安全标准化工作业绩突出的地区予以表彰。

4.1.4　坚持"四个结合"，使安全标准化工作与安全生产各项工作同步实施、整体推进

一是要与深入贯彻建筑安全法律法规相结合。通过开展安全标准化工作，全面落实《建筑法》、《安全生产法》、《建设工程安全生产管理条例》等法律法规。要建立健全安全生产责任制，健全完善各项规章制度和操作规程，将建筑施工企业的安全行为纳入法律化、制度化、标准化管理的轨道；二是要与改善农民工作业、生活环境相结合。牢固树立"以人为本"的理念，将安全标准化工作转化为企业和项目管理人员的管理方式和管理行为，逐步改善农民工的生产作业、生活环境，不断增强农民工的安全生产意识；三是要与加大安全科技创新和安全技术改造的投入相结合，将安全生产真正建立在依靠科技进步的基础之上。积极推广应用先进的安全科学技术，在施工中积极采用新技术、新设备、新工艺和新材料，逐步淘汰落后的、危及安全的设施、设备和施工技术；四是要与提高农民工职业技能素质相结合。引导企业加强对农民工的安全技术知识培训，提高建筑业从业人员的整体素质，加强对作业人员特别是班组长等业务骨干的培训，通过知识讲座、技术比武、岗位练兵等多种形式，将对从业人员的职业技能、职业素养、行为规范等要求贯穿于标准化的全过程，促使农民工向现代产业工人过渡。

4.2　开展建筑施工安全标准化工作的策略

4.2.1　建立建筑施工企业的系统安全管理体系

1. 建立明确的安全方针、安全目标和安全计划

安全方针是施工企业每个职工在开展安全管理活动中必须遵守和依从的行动指南。安全目标是企业根据安全方针的要求，在一定时期内开展安全工作所要达到的预期效果。安全计划是制定实现安全目标的具体计划和措施。每个建筑施工企业的安全管理体系必须具有明确的安全方针、安全目标和安全计划，才能将各个部门、各个环节的安全管理工作组织起来，充分发挥各方面的力量，使安全管理体系协调而正常运转。

2. 建立安全责任的考评制度和责任追究制度

通过考核和责任追究，目的是使企业的安全生产责任制度真正落实到每个作业人员身上，使现场作业人员能清楚认识自己所负的职责和责任，做好应做的工作，同时，通过考核评定工作，及时掌握安全管理工作所存在的问题，并采取预防措施，对不称职的人员做好教育工作和岗位调整调动工作。另外，对违规人员实行责任追究，这是体现施工企业安全生产管理责任制度能否得到贯彻执行的重要手段，其目的是使违反规章制度的人能得到及时的处理。但处理不是一种结果，而是通过一种违规事件，使其他人能真正吸取教训，举一反三，将工作、制度的执行力做得更好，使每个作业人员真正自觉去做好自己的工作，自觉遵纪守法，对自己的工作负责。

3. 设立专职安全管理机构

为使安全管理体系卓有成效地运转，建筑施工企业各部门的安全职能充分发挥作用，就应建立一个负责组织、协调、检查、督促工作的综合部门，作为安全管理

体系的组织保证。安全管理机构的设置，由建筑施工企业的生产规模、施工性质、生产技术特点、生产组织形式所决定。工程局、工程处设安全生产委员会，施工队设安全生产领导小组，班组设安全员。企业安全生产委员会由行政领导主持，各有关业务部门和工会的主要领导参加。它是施工企业安全生产工作的综合、决策机构，是协助企业领导进行安全决策和协调的参谋，同时又对施工企业安全生产目标、作业人员的劳动安全与健康、劳动作业条件的改善发挥监督检查作用。安全管理部门（人员）的职责是：协助企业负责人推动本企业安全生产工作，贯彻执行党和国家的安全生产方针、政策、法规、法令以及地方政府的劳动安全卫生行政法规、行业安全卫生标准、本企业的安全规章制度等；组织制定和修改企业安全生产管理制度和安全技术操作规程，并检查、督促其贯彻执行；协助行政领导组织与主管部门及下属单位研究制定和执行防止事故的措施方案，汇总和审查安全技术措施计划，并督促安全落实；组织开展劳动安全卫生宣传教育和安全科技文化知识培训，不断增强和提高职工的安全意识与技能；经常进行施工现场安全检查，制止和纠正违章作业，发现和督促解决不安全因素，对严重威胁人员安全和健康的行为，有权下令停工整顿；掌握劳动安全卫生标准，督促有关部门按规定发放个人防护用品，督促有关部门做好安全防护工作；参加本企业新、扩、改建工程项目的设计审查、施工生产、竣工验收、试运行工作，提出安全和卫生方面的要求；指导下级做好安全工作，总结和推广先进经验，提高安全管理水平；参加伤亡事故的调查处理，协助并督促实施防止事故重复发生的措施。

4. 建立高效灵敏的安全管理信息系统及开展群众性的安全管理活动

安全管理信息系统是安全管理中安全信息综合处理的枢纽，是安全信息系统、安全决策的关键。通过建立以安检部门为信息处理中心、各危险岗位和专业部门为终端的安全管理信息系统网络，从而由安全信息反馈来推进对隐患的不断检查、整改和监控，形成闭合管理，力求将安全管理从传统的事后追踪变为事前预防控制，使安全管理工作逐步走向科学化、系统化和规范化，对提高目前安全管理水平具有实际意义。因此要使安全管理体系正常运转，就必须建立一个高效、灵敏的企业内部信息系统，规范各种安全信息的传递方法和程序，在企业内形成畅通无阻的信息网，准确、及时地搜集各种安全卫生信息，并设专人负责处理。另外，安全管理体系应建立在保证建筑安全施工和保护作业人员劳动安全卫生的基础上，因此，必须在建筑施工生产的各环节经常性地开展各种形式的群众性安全管理宣传教育活动。

5. 实行安全管理程序化和管理业务标准化

安全管理流程程序化是对企业生产经营活动中的安全管理工作进行分析，使安全管理工作过程合理化，并固定下来，用图表、文字表示出来。安全管理业务标准化就是将企业中行之有效的安全管理措施和办法制定成统一标准，纳入规章制度贯彻执行。建筑施工企业通过实现安全管理流程程序化和标准化，就可使安全管理工作条理化、规范化，避免出现职责不清、相互脱节、相互推诿等管理过程中常见的弊病。因此，它是安全管理体系的重要内容，也是建立安全管理体系的一项重要基础工作。以"安全第一、预防为主"为中心，强化安全标准实施，形成严格执行强制性安全标准、自觉执行安全标准的新局面。其举措是：大力推行建筑行业强制性安全标准的贯彻实施；坚决执行安全方针、政策、法律、法规，抓好安全标准的宣传工作。

6. 组织外部协作单位的安全保证活动

建筑施工企业所需的设备机械、安全防护用品等是影响施工安全的重要因素。安全性能良好的机械设备、安全防护用品等，是保证企业安全生产的必要条件。这就关系到外部协作单位对建筑施工企业在安全生产条件和生产技术方面的安全性、可靠性保证，是建立和健全企业安全管理体系不可缺少的内容。

7. 建立施工企业安全管理体系的途径

建筑施工企业建立安全管理体系，首先应有明确的指导思想，即安全是施工企业发展的永恒主题。因此，建筑施工企业安全管理体系的方式、方法上仍需不断完善。必须克服在安全问题上的短期行为、侥幸心理和事故难免的思想。对安全问题要常抓不懈、居安思危、有备无患、坚定信心，坚持"安全第一、预防为主"的方针。依靠施工企业全体人员的共同努力，施工企业法人代表负责，亲自抓安全。对施工组织进行安全评价与审核，有计划、有步骤地将外协单位所提供的产品、零部件和劳务等安全需求纳入本企业安全管理体系中，从而不断健全和完善安全管理体系。

建立安全管理体系要从企业的实际情况出发，选择合适的方式。可将整个施工企业生产经营活动作为一个大系统，直接建立其安全生产的安全管理体系，也可以工程项目为对象建立项目安全管理体系。

4.2.2　建设建筑施工安全文化

1. 树立安全效益的经济观和预防为主的科学观

实现安全生产，保护职工的生命安全和健康，不仅是企业的工作责任和任务，而且是保证生产顺利进行、企业效益实现的基本条件。"安全就是效益"，安全不仅能"减损"、而且能"增值"，这是企业领导应该建立的"安全经济观"。安全的投入不仅能给企业带来间接的回报，而且能产生直接的效益。本质安全是通过追求人、机、环境的和谐统一，实现系统无缺陷、管理无漏洞、设备无障碍。实现本质安全，是提升企业市场竞争力的重要条件。集中力量完善安全生产设施和防范保护装置，提高综合防御能力。加大安全措施的资金投入，更新和改造缺陷设备，严格按照有关规范要求配备安全防护设施和器具，使生产的硬件符合安全生产条件。改善作业条件，使生产环境达到国家和行业标准，使各种安全标识齐全，全面落实安全生产措施，消除事故隐患，做到"不安全、不生产"。严格技术管理人员资质审查，加强现场安全文化管理，及时整改安全生产隐患。突出重大安全课题的攻关，解决安全技术难题。加快信息化、自动化和数字化技术的步伐，提高科技含量，用高科技来保安全。

安全生产必须警钟长鸣，常抓不懈。不要"说起来重要、做起来次要、忙起来不要"，而是真正将管安全上升为要安全，使安全工作成为一种自觉的行动，从根本上杜绝事故的发生，切实提高经济效益。凡事"预则立，不预则废"，建立安全生产应急救援预案是防范事故并减少事故损失的重要保障，是实现安全生产和安全文化建设的重要组成部分。对此，要针对施工企业实际，建立和完善应急救援体系。

根据施工企业的发展和新危险源的出现，及时修改和完善应急救援机制，并且注重企业内部与社会的互动，整合社会功能，密切与地方政府、友邻单位和城乡居民的协调合作，构建"体系完整、机制完善、反应迅速、救援得力"的应急体系，实现企业与政府、企业与社会应急救援系统的有效衔接。

2. 加强安全教育培训，提高安全防范意识和能力

安全教育是为普及安全知识、提高职工安全意识、端正施工安全动机、掌握安全操作规程和技能、消除不安全行为而采取的一种必要手段，同时也是对职工进行各种劳动安全卫生政策、法律、法规和规章等方面知识的教育。随着市场经济体制的逐渐成熟，大量农村及非建筑业人员，以各种形式进入了施工现场，从事他们不熟悉的工作。由于缺乏建筑施工安全知识，他们应该作为安全性控制的重点。对其必须进行三级安全教育，结合工程特点，图文结合，使其熟悉掌握施工工艺流程，以及施工过程应遵守的安全操作规程，使施工操作者不仅学到专业工作知识，更要学会安全生产知识，正确、认真地进行施工作业，做出安全行为。

目前一般制定的培训计划是年度培训计划，没有长期、系统的计划。而短期的阶段性培训教育是不可能从根本上增强职工的安全意识，从而大幅度提高人员的安全工作能力的。现实社会人员的流动性对长期系统的教育培训造成了很大影响，而且现在安全教育的宣传行为大多数采用单调枯燥的方式，形成一种形式主义，无法真正触动操作施工人员的安全意识。安全教育培训应视企业的特点、施工条件、施工环境等变化，因地制宜采取多种形式进行，如建立安全教育室、安全知识讲座、竞赛、漫画、黑板报、广播电视、班前（后）会等，要避免枯燥无味，流于形式，面向生产、服务生产，并要坚持经常化、制度化、讲求实效。另外，由于施工人员各工种之间在安全方面也存在差异性，加之针对性不强，因此培训的接受度和适用度也参差不齐。

建筑施工企业在制定长期、系统的安全培训计划时，必须先确定安全目标与指标、培训的目的和所要达到的效果，才能确保安全教育和培训体系的有效运行。树立灵活多变的安全教育方法有利于参加培训的工人更好地接受，采用多种形式的安全活动，加深参与者的印象，还要特别注意对新入场人员的基础教育。重点分析事故案例，以真实发生的案例加强工人的安全防范意识。管理者需要以身作则，对安全教育要情理兼备，以实际行动去关心和体谅工人，动之以情、晓之以理，让受教育者从内心深处受到教育，还要保持作业环境的干净、整洁、有序，摆放合理醒目的警示标志等提醒作业人员，从而创造一种良好的氛围。施工企业开展安全培训教育，都希望得到好的效果，因此必须开展安全培训教育效果的调查与评价。通过调查评价结果企业可以得出安全培训效果的结论，哪种方法较容易使员工接受并持续时间较长，哪种方法较难接受且持续时间较短，从中找出原因并分析，以便对安全教育培训进行改进。

安全教育培训的最终目的是提高人的安全意识和工作能力，只有通过加强安全生产教育培训，提高人的安全意识，增强安全素质，才能保障企业的安全生产，做到人人重视安全、人人懂得安全，才能真正提高建筑施工企业的安全生产管理水平。

3.从实践中探索，将安全文化融入企业管理全过程

由于安全文化建设是一项基础性、战略性的工程，对人的影响是多层次的，因此不可能短期内产生明显的根本效果。这需要施工企业从长计议、持之以恒，施工企业要善于总结，不断积累经验，经过长期培育、反复规划，形成系统、独具特色的安全文化氛围，因此形成巨大的感染力，从自然本能阶段、依赖严格监督阶段到独立自主阶段和互助团队管理阶段，实现企业"零事故"目标。企业安全文化是否执行落实，很大程度上取决于企业各种安全理念是否能与企业管理有机渗透和融合。健全安全制度、强化落实机制是促进安全文化与企业管理融合的重要环节。安全生产责任制是安全生产管理工作最基本的制度，其核心是确保安全生产"人人有专责，事事有人管"。要努力将安全生产落实到施工企业发展规划之中，将其落实到推进施工企业结构调整、加快制定及完善各类突发事件的应急预案之中，同时将安全生产落实到加快施工企业技术进步、经营考核之中。只有目标明确、责任清晰、层层分解、严格追究，安全文化建设才能执行落地。安全生产责任制的主要内容包括完善"一把手"抓安全的领导负责制、严格安全生产目标责任制、实施安全责任监控、坚持"四不放过"原则，以此对发生事故的有关责任人进行严肃处理。

4.2.3　采用先进的建筑施工安全现代管理技术和信息技术

1.通过虚拟现实技术实现对建筑施工安全的管理

虚拟现实技术（VR）是在计算机技术、图形技术、传感技术、显示技术、人工智能、仿真技术、人体工程学及心理学等学科基础上发展起来的一门多学科综合性技术。它采用计算机技术，以模拟的方式为使用者创造一个实时的具有交互性的三维图像世界，在视、听、触、嗅等感知行为的逼真体验中，使参与者可以感受虚拟对象在所处环境中的作用和变化。也就是说，它能使人置身于一个由计算机系统所创立的虚拟环境中，并与虚拟环境发生交互作用，得到身临其境的感受。随着计算机技术的发展，虚拟现实技术在各个领域的应用将大大加快。

建筑施工中，由于技术的复杂性或现场条件的局限性，将发生各种安全事故，造成人身伤亡及经济财产损失。运用虚拟现实技术，建立一个能够模拟真实环境的系统来辅助人员感受这种环境，可以看到与实际施工环境同样的效果。通过在虚拟现实的环境中模拟各种事故发生过程及可能造成的后果，预测各种事故发生的过程。根据模拟和预测结果，施工方可以采用相应措施预防和制止危害性的事故。不仅如此，采取这些措施所产生的效果，也可在虚拟空间中显现出来。

2.建筑施工安全管理信息系统

管理信息系统的构成比较复杂，它是硬件和软件、方法、过程以及人员等组成的联合体。通过对信息进行采集、处理、存贮、管理、检索和传输，在需要时向有关人员提供有用的信息，能及时提供反映企业实际情况的各种形式信息，支持决策。能用数学模型和现有的信息预测未来，并且针对不同的管理层给出不同要求的报告，达到控制企业行为活动的目的，从而辅助管理者进行监督和控制，以便有效地利用企业的资源。

建筑安全管理信息系统的应用，能够高效率地收集、存储和处理大量信息资料，

大大地提高了管理信息的质量和效能。能够及时准确地掌握和迅速传递信息，实现对管理系统的有效沟通和实时管理。另外，其能够提高现代管理技术水平，提高预测、决策和计划的质量与效率。随着科学技术的发展，建筑施工安全管理必将逐步向信息化过渡，因此，更需要开发和研制出高效实用的建筑施工安全管理信息系统。由于建筑安全信息管理系统的对象是一个地理分布的系统，因此地理信息系统运用于建筑管理领域无疑是一种必然的需要和发展趋势。

5   体系构建篇小结

体系构建篇提出了建筑施工安全标准化建设方案的初步设想，阐述了方案设计的基本程序、原则以及安全生产的特点，同时论证了精细化管理方法应用于建筑施工安全标准化工作的可行性。分别从人员素质、设施设备、环境管理和安全管理四方面提出了标准化建设方案和具体方法，构成建筑施工安全标准化建设的重点工作内容。同时，分析基于本质安全的 PDCA 循环模式中人员素质管理、设施设备管理、环境管理和安全管理四方面在具体企业的项目中的应用，提出开展建筑施工安全标准化的工作要点和策略。

6 课题结论与建议

随着工业化和城镇化进程的加快，建筑业产值逐年扩大，对拉动国民经济增长和全国建设小康社会做出了重要贡献。每年我国基本建设投入约占国民生产总值的15%左右，从业人员达到3500万，约占全国工业企业总从业人员的三分之一。但另一方面，建筑业也是伤亡事故多发行业。随着安全生产已成为树立科学发展观、建设社会主义"和谐社会"的重要组成部分，国家、行业、社会对此的关注程度越来越高，安全生产已成为建筑施工企业能否支持稳定发展的重要支撑保障因素。当前尽管各级政府和企业都十分重视安全生产，投入了大量的人力、物力和财力，但仍然不能从根本上遏制施工现场安全生产事故频繁发生的势头，其中除有经济发展整体水平不高、建筑市场不规范、劳动力素质偏低以及建筑行业效率低下等外部原因外，更主要的一个原因就是建筑施工企业管理手段的落后。

施工现场作为建筑施工企业安全管理的基础，目前很多施工现场的安全管理工作还停留在"经验型"和"事后型"的粗放式管理模式。要扭转这种被动局面，除强调施工企业加大人、财、物的投入以及政府主管部门需进一步规范市场外，还需要在工作中应用系统安全管理的原则，积极进行 OHSMS18000 职业健康安全管理标准，采用基于本质安全的 PDCA 管理模式，并针对建筑行业的特点进行改进和融合，以风险识别和风险控制为主线，将安全管理标准化的重心由事后前移到事前，使施工现场安全管理工作实现从治标向治本的逐步转变。

同时，建筑业作为高危行业，作业活动中的危险源种类繁多、构成复杂、表现形式多变。因此，应用系统安全管理的 PDCA 模式建立施工现场的职业健康安全保证机制，不仅能对危险源进行有效的识别和评价，更好地根据评价结果进行控制策划，制定和实施相应的管理措施，进行全过程的监视和测量。另外，通过纠正和预防措施以持续改进施工现场的安全控制工作，有利于施工企业进一步降低风险成本，提高工作效率，有效实现建筑施工安全标准化建设。

深化建筑施工安全标准化研究共分为现状论述、基本理论和体系构建三篇。

现状论述篇分析了建筑施工安全标准化建设的背景和意义，提出了标准化建设的目标，并且确定了课题研究的总体思路和研究方法。重点总结了国内外建筑施工安全标准化建设的现状和成果，包括建筑安全法律、法规和规范体系，以及国内外标准化建设试点地区的经验与成果，并且比较了国内外建筑施工安全标准化工作管理模式的异同，从而确定了我国建筑施工安全标准化建设的方向。以此为出发点，总结分析了国内外典型建筑施工安全事故的原因及在建设项目全寿命周期内的发生频率，从而对有效规避安全事故的发生具有一定的借鉴意义。

我国的法律、法规和规范虽已明确界定了全寿命周期内各单项工程、单位工程、分部工程及分项工程的安全操作规定，但由于管理者与作业人员的管理水平及资质等级跨度大、安全意识及法律意识淡薄、各种客观因素的影响等原因，施工现场安全事故频发，并且无法得到有效预防和解决。基于此，加强我国建筑施工安全标准化建设工作具有重要的现实意义，并且在安全管理中起到重要的组织和协调作用。

基本理论篇作为课题研究的理论基础，分别阐述了事故预防理论、本质安全理论、戴明管理理论以及可靠性工程理论，为下篇建筑施工安全标准化建设方案设计奠定重要的理论依据。

1. 事故预防理论部分

介绍了事故预防理论在国内外发展的现状及探索，同时提出系统安全标准化管理的概念。事故预防理论是从大量典型事故的本质原因分析中所提炼出来的事故机理和事故模型。这些机理和模型反映了事故发生的规律性，能够为事故原因的定性、定量分析，事故预防，改进安全管理工作，从理论上提供科学、完整的依据。随着科学技术的发展，事故发生的本质规律在不断变化，人们对事故原因的认识也在不断深入，先后出现了十几种事故致因理论。其中，具有代表性的事故致因理论有事故频发倾向理论、事故因果连锁理论、能量意外释放理论、以人失误为主因的瑟利事故模型、动态变化理论以及轨迹交叉理论等。

2. 本质安全理论部分

介绍了本质安全理论的由来及在各个领域的含义，在此基础上，提出了本质安全理论的主要内容，即人员管理、设施设备管理、作业环境管理和安全系统管理，从而揭示了本质安全理论的内涵及在建筑施工安全标准化建设方案设计中的应用。

3. 戴明管理理论部分

介绍了戴明管理理论，包括持续改进思想和 PDCA 循环模式。建筑施工安全标准化建设方案设计中，经过 P（计划阶段）、D（实施阶段）、C（检查阶段）、A（总结阶段）对人员、设施设备、作业环境和安全管理四方面加强安全标准化建设，从而实现安全管理由传统的事故发生型转变为现代的问题发现型管理模式。

4. 可靠性工程理论部分

介绍了可靠性工程理论及其技术分析方法，同时将可靠性工程应用于建筑施工安全标准化管理。现有建筑施工安全领域的研究多是从管理体制、施工人员素质、法律法规与安全文化建设等角度来研究建筑施工安全管理体系的构建。这些研究对于建筑施工安全管理具有重要的意义，但却忽视了此体系建设的可靠性。在体系工作过程中，若某环节失效或发生故障，从而导致整个体系瘫痪，将会给建筑施工带来不可估量的损失，鉴于可靠性工程的许多分析方法都能用于建筑工程安全标准信息化领域，可以将可靠性分配理论与建筑工程系统安全分析相结合，在给定建筑施工安全系统防御目标值条件下，建立可靠性分配模型，确定基本事件的可靠度，从而为建筑施工安全管理系统的优化提供可行的实施方案。

事故预防理论明确了事故发生的原因链，本质安全理论提出了安全标准化建设过程中对人员、设施设备、环境和管理的高度重视，戴明管理理论强调了施工安全标准化管理的循环过程和预防机制，可靠性工程理论则强化了管理人员对于施工现场各环节、各基本事件的可靠性分析，基于此，下篇构建了基于本质安全的安全管理 PDCA 循环模式设计方案。

体系构建篇作为课题研究的核心，提出了建筑施工安全标准化建设方案的初步设想，阐述了方案设计的基本程序、原则以及安全生产的特点，同时论证了精细化管理方法应用于建筑施工安全标准化工作的可行性。其中建筑施工安全标准化建设工作的重点包括对人员素质、设施设备、环境管理和安全管理标准化四方面内容。

在人员素质标准化建设方案中，提出 10 项建设方案；在设备设施标准化建设方案中，提出 11 项建设方案；在环境管理标准化建设方案中，设计 4 项建设方案；在安全管理标准化建设方案中，设计 11 项建设方案。每种建设方案对应给出了具体的建设方法。

以建筑工程安全标准化建设的设计方案为基础，通过论述分析基于本质安全的 PDCA 循环模式中人员素质管理、设施设备管理、环境管理和安全管理四方面在昆明某省属国有大型企业职工集资住房工程中的应用，并对其安全管理水平进行定量评价。最终得出开展建筑施工安全标准化工作的要点和策略，从而促进建筑施工安全标准化建设的设计方案在施工现场的推广和普及。

附

件

附件1：国务院关于进一步加强安全生产工作的决定

国务院关于进一步加强安全生产工作的决定

国发〔2004〕2号

各省、自治区、直辖市人民政府，国务院各部委、各直属机构：

安全生产关系人民群众的生命财产安全、改革发展和社会稳定大局。党中央、国务院高度重视安全生产工作，建国以来特别是改革开放以来，采取了一系列重大举措加强安全生产工作。颁布实施了《中华人民共和国安全生产法》（以下简称《安全生产法》）等法律法规，明确了安全生产责任；初步建立了安全生产监管体系，安全生产监督管理得到加强；对重点行业和领域集中开展了安全生产专项整治，生产经营秩序和安全生产条件有所改善，安全生产状况总体上趋于稳定好转。但是，目前全国的安全生产形势依然严峻，煤矿、道路交通运输、建筑等领域伤亡事故多发的状况尚未根本扭转；安全生产基础比较薄弱，保障体系和机制不健全；部分地方和生产经营单位安全意识不强，责任不落实，投入不足；安全生产监督管理机构、队伍建设以及监管工作亟待加强。为了进一步加强安全生产工作，尽快实现我国安全生产局面的根本好转，特作如下决定。

一、提高认识，明确指导思想和奋斗目标

1. 充分认识安全生产工作的重要性。搞好安全生产工作，切实保障人民群众的生命财产安全，体现了最广大人民群众的根本利益，反映了先进生产力的发展要求和先进文化的前进方向。做好安全生产工作是全面建设小康社会、统筹经济社会全面发展的重要内容，是实施可持续发展战略的组成部分，是政府履行社会管理和市场监管职能的基本任务，是企业生存发展的基本要求。我国目前尚处于社会主义初级阶段，要实现安全生产状况的根本好转，必须付出持续不懈的努力。各地区、各部门要把安全生产作为一项长期艰巨的任务，警钟长鸣，常抓不懈，从全面贯彻落实"三个代表"重要思想，维护人民群众生命财产安全的高度，充分认识加强安全生产工作的重要意义和现实紧迫性，动员全社会力量，齐抓共管，全力推进。

2. 指导思想。认真贯彻"三个代表"重要思想，适应全面建设小康社会的要求和完善社会主义市场经济体制的新形势，坚持"安全第一、预防为主"的基本方针，进一步强化政府对安全生产工作的领导，大力推进安全生产各项工作，落实生产经营单位安全生产主体责任，加强安全生产监督管理；大力推进安全生产监管体制、安全生产法制和执法队伍"三项建设"，建立安全生产长效机制，实施科技兴安战略，积极采用先进的安全管理方法和安全生产技术，努力实现全国安全生产状况的根本

好转。

3. 奋斗目标。到 2007 年，建立起较为完善的安全生产监管体系，全国安全生产状况稳定好转，矿山、危险化学品、建筑等重点行业和领域事故多发状况得到扭转，工矿企业事故死亡人数、煤矿百万吨死亡率、道路交通运输万车死亡率等指标均有一定幅度的下降。到 2010 年，初步形成规范完善的安全生产法治秩序，全国安全生产状况明显好转，重特大事故得到有效遏制，各类生产安全事故和死亡人数有较大幅度的下降。力争到 2020 年，我国安全生产状况实现根本性好转，亿元国内生产总值死亡率、十万人死亡率等指标达到或者接近世界中等发达国家水平。

二、完善政策，大力推进安全生产各项工作

4. 加强产业政策的引导。制定和完善产业政策，调整和优化产业结构。逐步淘汰技术落后、浪费资源和环境污染严重的工艺技术、装备及不具备安全生产条件的企业。通过兼并、联合、重组等措施，积极发展跨区域、跨行业经营的大公司、大集团和大型生产供应基地，提高有安全生产保障企业的生产能力。

5. 加大政府对安全生产的投入。加强安全生产基础设施建设和支撑体系建设，加大对企业安全生产技术改造的支持力度。运用长期建设国债和预算内基本建设投资，支持大中型国有煤炭企业的安全生产技术改造。各级地方人民政府要重视安全生产基础设施建设资金的投入，并积极支持企业安全技术改造，对国家安排的安全生产专项资金，地方政府要加强监督管理，确保专款专用，并安排配套资金予以保障。

6. 深化安全生产专项整治。坚持将矿山、道路和水上交通运输、危险化学品、民用爆破器材和烟花爆竹、人员密集场所消防安全等方面的安全生产专项整治，作为整顿和规范社会主义市场经济秩序的一项重要任务，持续不懈地抓下去。继续关闭取缔非法和不具备安全生产条件的小矿小厂、经营网点，遏制低水平重复建设。开展公路货车超限超载治理，保障道路交通运输安全。将安全生产专项整治与依法落实生产经营单位安全生产保障制度、加强日常监督管理以及建立安全生产长效机制结合起来，确保整治工作取得实效。

7. 健全完善安全生产法制。对《安全生产法》确立的各项法律制度，要抓紧制定配套法规规章。认真做好各项安全生产技术规范、标准的制定修订工作。各地区要结合本地实际，制定和完善《安全生产法》配套实施办法和措施。加大安全生产法律法规的学习宣传和贯彻力度，普及安全生产法律知识，增强全民安全生产法制观念。

8. 建立生产安全应急救援体系。加快全国生产安全应急救援体系建设，尽快建立国家生产安全应急救援指挥中心，充分利用现有的应急救援资源，建立具有快速反应能力的专业化救援队伍，提高救援装备水平，增强生产安全事故的抢险救援能力。加强区域性生产安全应急救援基地建设。搞好重大危险源的普查登记，加强国家、省（区、市）、市（地）、县（市）四级重大危险源监控工作，建立应急救援预案和生产安全预警机制。

9. 加强安全生产科技和技术开发。加强安全生产科学学科建设，积极发展安全生产普通高等教育，培养和造就更多的安全生产科技和管理人才。加大科技投入力

度，充分利用高等院校、科研机构、社会团体等安全生产科研资源，加强安全生产基础研究和应用研究。建立国家安全生产信息管理系统，提高安全生产信息统计的准确性、科学性和权威性。积极开展安全生产领域的国际交流与合作，加快先进的生产安全技术引进、消化、吸收和自主创新步伐。

三、强化管理，落实生产经营单位安全生产主体责任

10. 依法加强和改进生产经营单位安全管理。强化生产经营单位安全生产主体地位，进一步明确安全生产责任，全面落实安全保障的各项法律法规。生产经营单位要根据《安全生产法》等有关法律规定，设置安全生产管理机构或者配备专职（或兼职）安全生产管理人员。保证安全生产的必要投入，积极采用安全性能可靠的新技术、新工艺、新设备和新材料，不断改善安全生产条件。改进生产经营单位安全管理，积极采用职业安全健康管理体系认证、风险评估、安全评价等方法，落实各项安全防范措施，提高安全生产管理水平。

11. 开展安全标准化活动。制定和颁布重点行业、领域安全生产技术规范和安全生产工作标准，在全国所有的工矿、商贸、交通、建筑施工等企业普遍开展安全标准化活动。企业生产流程各环节、各岗位要建立严格的安全生产责任制。生产经营活动和行为，必须符合安全生产有关法律法规和安全生产技术规范的要求，做到规范化和标准化。

12. 搞好安全生产技术培训。加强安全生产培训工作，整合培训资源，完善培训网络，加大培训力度，提高培训质量。生产经营单位必须对所有从业人员进行必要的安全生产技术培训，其主要负责人及有关经营管理人员、重要工种人员必须按照有关法律、法规的规定，接受规范的安全生产培训，经考试合格，持证上岗。完善注册安全工程师考试、任职、考核制度。

13. 建立企业提取安全费用制度。为了保证安全生产所需资金投入，形成企业安全生产投入的长效机制，借鉴煤矿提取安全费用的经验，在条件成熟后，逐步建立对高危行业生产企业提取安全费用制度。企业安全费用的提取，要根据地区和行业的特点，分别确定提取标准，由企业自行提取，专户储存，专项用于安全生产。

14. 依法加大生产经营单位对伤亡事故的经济赔偿。生产经营单位必须认真执行工伤保险制度，依法参加工伤保险，及时为从业人员交纳保险费。同时，依据《安全生产法》等有关法律法规，向受到生产安全事故伤害的员工或家属支付赔偿金。进一步提高企业生产安全事故伤亡赔偿标准，建立企业负责人自觉保障安全投入、努力减少事故的机制。

四、完善制度，加强安全生产监督管理

15. 加强地方各级安全生产监管机构和执法队伍建设。县级以上各级地方人民政府要依照《安全生产法》的规定，建立健全安全生产监管机构，充实必要的人员，加强安全生产监管队伍建设，提高安全生产监管工作的权威，切实履行安全生产监管职能。完善煤矿安全生产监察体制，进一步加强煤矿安全生产监察队伍建设和监察执法工作。

16. 建立安全生产控制指标体系。要制定全国安全生产中长期发展规划，明确年度安全生产控制指标，建立全国和分省（区、市）的控制指标体系，对安全生产情况实行定量控制和考核。从 2004 年起，国家向各省（区、市）人民政府下达年度安全生产各项控制指标，并进行跟踪检查和监督考核。对各省（区、市）安全生产控制指标完成情况，国家安全生产监督管理部门将通过新闻发布会、政府公告、简报等形式，每季度公布一次。

17. 建立安全生产行政许可制度。将安全生产纳入国家行政许可的范围，在各行业的行政许可制度中，安全生产作为一项重要内容，从源头上制止不具备安全生产条件的企业进入市场。开办企业必须具备法律规定的安全生产条件，依法向政府有关部门申请、办理安全生产许可证，持证生产经营。新建、改建、扩建项目的安全设施必须与主体工程同时设计、同时施工、同时投入生产和使用（简称"三同时"），对未通过"三同时"审查的建设项目，有关部门不予办理行政许可手续，企业不准开工投产。

18. 建立企业安全生产风险抵押金制度。为强化生产经营单位的安全生产责任，各地区可结合实际，依法对矿山、道路交通运输、建筑施工、危险化学品、烟花爆竹等领域从事生产经营活动的企业，收取一定数额的安全生产风险抵押金，企业生产经营期间发生生产安全事故的，转作事故抢险救灾和善后处理所需资金。具体办法由国家安全生产监督管理部门会同财政部研究制定。

19. 强化安全生产监管监察行政执法。各级安全生产监管监察机构要增强执法意识，做到严格、公正、文明执法。依法对生产经营单位安全生产情况进行监督检查，指导督促生产经营单位建立健全安全生产责任制，落实各项防范措施。组织开展好企业安全评估，搞好分类指导和重点监管。对严重忽视安全生产的企业及其负责人或业主，要依法加大行政执法和经济处罚的力度。认真查处各类事故，坚持事故原因未查清不放过、责任人员未处理不放过、整改措施未落实不放过、有关人员未受到教育不放过的"四不放过"原则，不仅要追究事故直接责任人的责任，同时要追究有关负责人的领导责任。

20. 加强对小企业的安全生产监管。小企业是安全生产管理的薄弱环节，各地要高度重视小企业的安全生产工作，切实加强监督管理。从组织领导、工作机制和安全投入等方面入手，逐步探索出一套行之有效的监管办法。坚持寓监督管理于服务之中，积极为小企业提供安全技术、人才、政策咨询等方面的服务，加强检查指导，督促帮助小企业搞好安全生产。要重视解决小煤矿安全生产投入问题，对乡镇及个体煤矿，要严格监督其按照有关规定提取安全费用。

五、加强领导，形成齐抓共管的合力

21. 认真落实各级领导安全生产责任。地方各级人民政府要建立健全领导干部安全生产责任制，将安全生产作为干部政绩考核的重要内容，逐级抓好落实。特别要加强县乡两级领导干部安全生产责任制的落实。加强对地方领导干部的安全知识培训和安全生产监管人员的执法业务培训。国家组织对市（地）、县（市）两级政府分管安全生产工作的领导干部进行培训。各省（区、市）要对县级以上安全生监管部门负责人,分期分批进行执法能力培训。依法严肃查处事故责任,对存在失职、渎职行为,或对事故发生负有领导责任的地方政府、企业领导人,要依照有关法律法规严格追究责任。严厉惩治安全生产领域的腐败现象和黑恶势力。

22. 构建全社会齐抓共管的安全生产工作格局。地方各级人民政府每季度至少召开一次安全生产例会,分析、部署、督促和检查本地区的安全生产工作。大力支持并帮助解决安全生产监管部门在行政执法中遇到的困难和问题。各级安全生产委员会及其办公室要积极发挥综合协调作用。安全生产综合监管及其他负有安全生产监督管理职责的部门要在政府的统一领导下,依照有关法律法规的规定,各负其责,密切配合,切实履行安全监管职能。各级工会、共青团组织要围绕安全生产,发挥各自优势,开展群众性安全生产活动。充分发挥各类协会、学会、中心等中介机构和社团组织的作用,构建信息、法律、技术装备、宣传教育、培训和应急救援等安全生产支撑体系。强化社会监督、群众监督和新闻媒体监督,丰富全国"安全生产月"、"安全生产万里行"等活动内容,努力构建"政府统一领导、部门依法监管、企业全面负责、群众参与监督、全社会广泛支持"的安全生产工作格局。

23. 做好宣传教育和舆论引导工作。将安全生产宣传教育纳入宣传思想工作的总体布局,坚持正确的舆论导向,大力宣传党和国家安全生产方针政策、法律法规和加强安全生产工作的重大举措,宣传安全生产工作的先进典型和经验。对严重忽视安全生产、导致重特大事故发生的典型事例要予以曝光。在大中专院校和中小学开设安全知识课程,提高青少年在道路交通、消防、城市燃气等方面的识灾和防灾能力。通过广泛深入的宣传教育,不断增强群众依法自我安全保护的意识。

各地区、各部门和各单位要加强调查研究,注意发现安全生产工作中出现的新情况,研究新问题,推进安全生产理论、监管体制和机制、监管方式和手段、安全科技、安全文化等方面的创新,不断增强安全生产工作的针对性和实效性,努力开创我国安全生产工作的新局面,为了完善社会主义市场经济体制,实现党十六大提出的全面建设小康社会的宏伟目标创造安全稳定的环境。

国务院
二〇〇四年一月九日

附件 2：关于开展建筑施工安全质量标准化工作的指导意见

关于开展建筑施工安全质量标准化工作的指导意见

建质〔2005〕232 号

各省、自治区建设厅，直辖市建委，江苏省、山东省建管局，新疆生产建设兵团建设局：

为贯彻落实《国务院关于进一步加强安全生产工作的决定》（国发〔2004〕2 号），加强基层和基础工作，实现建筑施工安全的标准化、规范化，促使建筑施工企业建立起自我约束、持续改进的安全生产长效机制，推动我国建筑安全生产状况的根本好转，促进建筑业健康有序发展，现就开展建筑施工安全质量标准化工作提出以下指导意见：

一、指导思想和工作目标

指导思想：以"三个代表"重要思想为指导，以科学发展观统领安全生产工作，坚持安全第一、预防为主的方针，加强领导，大力推进建筑施工安全生产法规、标准的贯彻实施。以对企业和施工现场的综合评价为基本手段，规范企业安全生产行为，落实企业安全主体责任，全面实现建筑施工企业及施工现场的安全生产工作标准化。统筹规划、分步实施、树立典型、以点带面，稳步推进建筑施工安全质量标准化工作。

工作目标：通过在建筑施工企业及其施工现场推行标准化管理，实现企业市场行为的规范化、安全管理流程的程序化、场容场貌的秩序化和施工现场安全防护的标准化，促进企业建立运转有效的自我保障体系。目标实施分 2006 年至 2008 年和 2009 年至 2010 年两个阶段。

建筑施工企业的安全生产工作按照《施工企业安全生产评价标准》（JGJ/T 77—2003）及有关规定进行评定。2008 年底，建筑施工企业的安全生产工作要全部达到"基本合格"，特、一级企业的"合格"率应达到 100%；二级企业的"合格"率应达到 70%以上；三级企业及其他施工企业的"合格"率应达到 50%以上。2010 年底，建筑施工企业的"合格"率应达到 100%。

建筑施工企业的施工现场按照《建筑施工安全检查标准》（JGJ 59—99）及有关规定进行评定。2008 年底，建筑施工企业的施工现场要全部达到"合格"，特级企业施工现场的"优良"率应达到 90%；一级企业施工现场的"优良"率应达到 70%；二级企业施工现场的"优良"率应达到 50%；三级企业及其他各类企业施工现场的"优良"率应达到30%。2010年底，特级、一级企业施工现场的"优良"率应达到100%；二级企业施工现场的"优良"率应达到80%；三级企业及其他施工企业施工现场的"优良"率应达到60%。

二、工作要求

（一）提高认识，加强领导，积极开展建筑施工安全质量标准化工作

建筑施工安全质量标准化工作是加强建筑施工安全生产工作的一项基础性、长期性的工作，是新形势下安全生产工作方式方法的创新和发展。各地建设行政主管部门要在借鉴以往开展创建文明工地和安全达标活动经验的基础上，督促施工企业在各环节、各岗位建立严格的安全生产责任制，依法规范施工企业市场行为，使安全生产各项法律法规和强制性标准真正落到实处，提升建筑施工企业安全水平。各地要从落实科学发展观和构建和谐社会的高度，充分认识开展建筑施工安全质量标准化工作的重要性，加强组织领导，认真做好安全质量标准化工作的舆论宣传及先进经验的总结和推广等工作，积极推动安全质量标准化工作的开展。

（二）采取有效措施，确保安全质量标准化工作取得实效

各地建设行政主管部门要抓紧制定符合本地区建筑安全生产实际情况的安全质量标准化实施办法，进一步细化工作目标，建立包括有关建设行政主管部门、协会、企业及相关媒体参加的工作指导小组，指导建筑施工企业及其施工现场开展安全质量标准化工作。要改进监管方式，从注重工程实体安全防护的检查，向加强对企业安全自保体系建立和运转情况的检查拓展和深化，促进企业不断查找管理缺陷，堵塞管理漏洞，形成"执行—检查—改进—提高"的封闭循环链，形成制度不断完善、工作不断细化、程序不断优化的持续改进机制，提高施工企业自我防范意识和防范能力，实现建筑施工安全规范化、标准化。

（三）建立激励机制，进一步提高施工企业开展安全质量标准化工作的积极性和主动性

各地建设行政主管部门要建立激励机制，加强监督检查，定期对本地区施工企业开展安全质量标准化工作情况进行通报，对成绩突出的施工企业和施工现场给予表彰，树立一批安全质量标准化"示范工程"，充分发挥典型示范引路的作用，以点带面，带动本地区安全质量标准化工作的全面开展。

建设部将定期对各地开展安全质量标准化的情况进行综合评价，评价结果将作为评价各地安全生产管理状况的重要参考。同时，建设部将定期对各地安全质量标准化"示范工程"进行复查，对安全质量标准化工作业绩突出的地区予以表彰。

（四）坚持"四个结合"，使安全质量标准化工作与安全生产各项工作同步实施、整体推进

一是要与深入贯彻建筑安全法律法规相结合。要通过开展安全质量标准化工作，全面落实《建筑法》、《安全生产法》、《建设工程安全生产管理条例》等法律法规。要建立健全安全生产责任制，健全完善各项规章制度和操作规程，将建筑施工企业的安全质量行为纳入法律化、制度化、标准化管理的轨道；二是要与改善农民工作业、生活环境相结合。牢固树立"以人为本"的理念，将安全质量标准化工作转化为企

业和项目管理人员的管理方式和管理行为，逐步改善农民工的生产作业、生活环境，不断增强农民工的安全生产意识；三是要与加大对安全科技创新和安全技术改造的投入相结合，把安全生产真正建立在依靠科技进步的基础之上。要积极推广应用先进的安全科学技术，在施工中积极采用新技术、新设备、新工艺和新材料，逐步淘汰落后的、危及安全的设施、设备和施工技术；四是要与提高农民工职业技能素质相结合。引导企业加强对农民工的安全技术知识培训，提高建筑业从业人员的整体素质，加强对作业人员特别是班组长等业务骨干的培训，通过知识讲座、技术比武、岗位练兵等多种形式，把对从业人员的职业技能、职业素养、行为规范等要求贯穿于标准化的全过程，促使农民工向现代产业工人过渡。

请各地结合实际，认真贯彻本指导意见。

中华人民共和国建设部
二〇〇五年十二月二十二日

附件3：深化建筑施工安全标准化工作经验调研报告

深化建筑施工安全标准化工作经验调研报告

　　近年来，大庆油田工程建设公司油田地面基建施工安全工作，在油田公司领导下，以科学发展观为指导，紧紧围绕原油4000万吨持续稳产和油田整体协调发展的大局，加强隐患治理力度，不断提高本质安全水平。加强教育培训力度，不断提高各级领导和广大员工的安全环保意识。加强监督检查力度，及时规避消除各类风险。加强HSE体系推进力度，先后推行SY/T 6276—1997（行业标准），Q/CNPC 104.1—2004和Q/SY 1002.1—2007（企业标准）等HSE标准，提升标准化管理能力。按照中石油集团公司的统一部署，我们学习借鉴在安全管理上取得卓越成绩的壳牌、杜邦等石油石化企业的先进管理经验，落实集团公司HSE管理九项原则，努力保持公司安全环保形势的稳定，为原油持续稳产和公司的和谐发展贡献自己的力量。

　　公司在多年的施工生产过程中树立"以人为本、构建和谐"、"安全源于责任心、源于设计、源于质量、源于防范"、"安全健康、关爱生命"等安全理念，以理性化、人性化、亲情化为原则进行安全文化建设，形成了领导重视、体系统领、文化先导、夯实基础、专项治理为重点的全系统、全方位、全员参与的安全管理体系。

　　经过多年的学习和总结我们认识到，一个企业有效的安全管理体系的建立，必须要经历四个阶段，逐步提高。第一阶段是自然本能反应。处在此阶段的企业和员工对安全的重视仅仅是一种自然本能保护的反应，员工对安全是一种被动的服从，安全缺少高级管理层的参与；第二阶段是依赖严格的监督。处在此阶段的安全行为特征是：各级管理层对安全责任做出承诺，员工执行安全规章制度是被动的；第三阶段是独立自主管理。此阶段企业已具有良好的安全管理体系，安全意识深入人心，员工将安全视为个人成就；第四阶段是团队互助管理。此阶段员工不但自己遵守各项规章制度，而且帮助别人遵守。不但观察自己岗位上的不安全行为和条件，而且留心观察他人岗位上的不安全状况。员工将自己的安全知识和经验主动分享给其他同事。关心其他员工的异常情绪变化，提醒安全操作。员工将安全作为一种集体荣誉。

　　目前，我公司的管理处于第二个阶段，我们将在今后的实践中不断提高，最终实现团队互助管理，最大程度消除管理上存在的不安全隐患。

　　在多年的安全管理的实践中，我们重点实行了以下做法，在这里进行总结，和大家一起分享，并请大家提出宝贵意见。

一、在决策中优先考虑健康、安全和环保

　　我们充分认识到健康、安全和环保是基建施工企业取得卓越业绩表现的必要条

件。健康、安全和环保不是单纯的投入，而是一项能给企业带来丰厚回报的战略投资，不仅能提高企业生产率、收益率，而且有益于建立长久的品牌效应。

公司在进行长远规划、项目投资、生产经营等相关事务的决策时，都将健康、安全和环保放在优先位置。选择项目时，我们从标书编制阶段就按照 HSE 体系要求，根据工程规模，组织公司、成员单位、项目以及班组长等不同层面具有较高现场管理水平和经验的人员，成立 HSE 风险识别、评价小组，提前对项目施工内容风险进行具体分析，编制 HSE 风险清单，针对识别出的风险因素，分析评价，分级控制，并综合考虑自身的整体安全行为能力，确保设施、设备和人员、工期等要素能够满足项目的安全施工需要，保证项目各类 HSE 风险在施工全过程能够得到有效控制。

二、 在工作中严格落实"有感领导"、"属地管理"和"直线责任"

项目安全管理的重点是过程控制，为改变以往安全管理中存在的重指标轻落实，事故处理过程中常见的重处罚轻反思等安全工作的"虎头蛇尾"现象，以及"说起来重要、做起来次要、忙起来不要"的情况，我们严格落实中石油集团公司在 HSE 管理中推行的"有感领导"、"属地管理"和"直线责任"，要求各级管理者对各自辖区和业务管理范围内的健康安全环保直接负责，强调健康、安全和环保责任是各级管理者的首要责任，上至最高管理者，下至现场班组负责人，都要承担自己所管区域或业务领域的健康、安全和环保责任。

"有感领导"的核心作用在于示范性和引导作用。在实际工作中落实"有感领导"，重点是要求各级领导以身作则，率先垂范，带头将安全工作做到实处。无论在舆论上、建章立制上、监督检查上，还是人员、设备、设施的投入保障上，都落到实处。通过领导的言行，使下属听到领导讲安全，看到领导实实在在做安全、管安全，感觉到领导真真正正重视安全。

"直线责任"简单说就是"谁的工作，谁负责"。具体是要落实企业各级主管领导、主管部门对管辖业务范围内的安全环保全面负责，一级对一级，层层抓落实。落实各项工作的负责人对各自承担工作的安全环保负责，做到谁工作谁负责、谁管理谁负责、谁组织谁负责。

"属地管理"，通俗一些说就是"谁的地盘，谁管理"，将安全工作由安全部门、安全人员来负责，改变为谁的生产经营管理区域，谁就要对此区域内的生产安全进行管理。这实际是加重了甲方的生产安全管理责任，无论是甲方、乙方，还是第三方，或者是其他相关方（包括上级检查人员、外单位参观考察人员、学习实习人员、周围可能进入本辖区的公众），在安全生产方面都要受甲方的统一协调管理，当然其他各方应当接受和配合甲方的管理。施工方在自觉接受甲方的监督管理的基础上，做好各自的安全管理工作。

三、严格员工健康、安全和环保培训

公司所属各单位在基层单位全面推广 HSE 培训矩阵，依据岗位风险和任职要求，编制岗位 HSE 培训需求矩阵，将要求岗位员工执行的法规、程序、规程列入岗位 HSE 培训计划，将岗位 HSE 培训与岗位练兵结合，充分利用各种会议、专题讨论，实施岗位 HSE 培训计划,并定期对在岗员工进行 HSE 能力评估。我们将培训分为领导干部、管理人员、作业人员、新员工、分包队伍和违章人员等六个方面来进行。

1. 领导干部(HSE 管理的核心层)HSE 培训重点是增强责任意识。根据国家、集团公司和企业的安全生产实际,及时进行 HSE 法律法规、领导 HSE 责任制、HSE 管理先进经验、HSE 应急技能等方面的培训,强化领导干部 HSE 责任意识,提高依法决策、依法管理能力。

2. 管理人员(HSE 管理落实和执行的关键层)HSE 培训重点是提高管理技能。重点抓好了两类管理人员的培训:一是部门管理人员。重点进行 HSE 责任意识、HSE 管理技术、最新 HSE 标准、现场应急处置技能等培训,达到懂专业、会管理、能够检查出深层次的要求,提高综合监督能力;二是基层管理人员。着重开展动火、动土、临时用电、高处作业、进入受限空间作业等特殊作业规定培训和全员危害识别、作业管理、基层检查规范、HSE 视觉系统建设、应急管理、现场急救逃生 7 项技能轮训,解决能负责、知规定、懂方法、会检查的问题,提高现场把关能力。各主要施工生产单位还编写了专门的 HSE 读本,对班组进行强化培训。

3. 岗位作业人员(HSE 管理的执行操作层)HSE 培训。重点是提高安全操作技能,这个层面有二类人员:一是企业职工全员。重在进行 HSE 基本意识、危害识别方法、HSE 操作技能、应急和自救互救技能等培训,强化员工自身素质,提高岗位处置能力;二是特种作业人员。按照培训大纲严格组织特种作业人员的培训工作。同时结合油田实际于培训过程中,加强了本工种应急知识和能力培训。

4. 新员工 HSE 培训。根据新分大学生及企业新录用人员不熟悉油田基本建设工作、对行业 HSE 风险认识不足的特点,将国家 HSE 法律法规、集团公司安全规章制度(安全生产禁令)、油田危害识别与风险控制、应急逃生技能、典型事故案例分析等作为主要培训内容。

5. 分承包商队伍 HSE 培训。分承包方 HSE 管理一直是较为薄弱的环节。为加强培训,总包单位和建设单位统一组织进行安全教育培训,主要内容有相关 HSE 法规制度、施工作业场所的主要危害因素、作业许可管理等。

6. "三违"人员 HSE 培训。对日常安全检查发现的违章人员、举报核实的违章人员中有严重违章事故及险兆事件负有责任的人员定期组织集中培训。培训重点内容是 HSE 法律法规、规章制度、安全生产禁令等。充分采用现场情景再现、案例分析、事故预想等方式,教育员工引以为戒,自觉从严。

四、全员参与岗位风险识别及控制

我们首先经过长期的教育使职工认识到,所有的事故、伤害都是可以防止的,工作场所的安全取决于员工自身的行为。岗位风险的识别和认知是一切健康、安全和环保工作的基础,任何作业活动之前,都需进行风险识别和评估。只有每一名员工主动识别、熟知和控制岗位风险,才能确保自身安全和他人安全。

我们一方面组织各单位按管道工程、油田地面工程、化工建设工程、预制加工板块和路桥工程板块等专业划分,进行风险辨识和评价形成样板,使各项目进行风险分析时有参照,规范内容和程序,减少共性工作量,让现场 HSE 管理人员将精力集中在识别控制重大风险源和随着环境、施工内容变化而新出现的风险上；另一方面加强施工现场 HSE 风险管理的应用，各项目部在安排生产工作的同时进行风险分析，提前进行安全技术交底。各班组在每天作业开始前，针对当天施工作业内容进行风险识别评价，对分析出的重大风险进行重点监控防范，并由班组长在作业前的班组安全会上就存在的风险和控制措施进行讲解，确保职工完全，了解当天的施工作业风险，掌握预防控制方法，真正起到提前预防的实际作用。

五、将事故、事件作为资源共享

长期以来，在安全生产管理上，没有真正将事故、事件作为资源进行开发和利用，习惯上不愿意将事故和事件资源拿出来分享，一方面觉得"家丑不可外扬"，另一方面现在很多单位习惯对事故和事件进行惩罚性处理，忽略了以科学的态度分析原因，将经验与教训广泛地传播，这给安全生产管理带来被动。

我们认为，事故、事件不仅仅是损失，更是一种宝贵的资源。任何事故、事件的背后都存在着由人的不安全行为和物的不安全状态构成的安全隐患，其中人的不安全行为引发的事故占 90% 以上。每一次事故或事件都充分暴露了我们管理上的缺陷，为改进健康、安全和环保表现提供了最佳契机。所以，无论何时、何地发生的任何事故、事件都应及时上报，以便在最短时间内进行调查和分析，查明深层次原因，并采取有效的防范措施。同时，应及时通报、沟通和分享事故、事件信息，最大程度避免类似事故的再发生。定期统计分析事故、事件信息，也能为高层管理人员掌握安全环保态势，制定科学的安全环保策略提供帮助。

要将未遂事故和事件真正放到桌面来分析，我们首先解决各级员工传统思想的固定思维，逐步调动员工主动汇报未遂事故和事件的积极性，对于主动汇报事故、事件，有效预防事故、事件进一步恶化的员工，还会受到公司的表彰。正面的激励方式可以让员工彻底放下心理包袱，对上报小事故和事件的员工，单位不但不会追究责任，还会视情况进行表彰和奖励。

六、管理者定期评审和改进健康、安全和环保绩效

风险的削减是永无止境的，无论当前健康、安全和环保表现如何，都应该结合自身经济技术水平和员工整体素质，持续削减健康、安全和环保风险。

我们要求各级领导必须采取适宜的方式定期评审法律法规及要求的符合情况、目标指标的完成情况、规章制度的执行情况、员工素质提高情况、风险削减措施的实施情况，发现并改进薄弱环节，坚持最佳实践，以达到持续改进健康、安全和环保绩效的目的。每一名管理者和操作者必须履行职责，努力改进和提高其工作能力和业绩，以保证企业健康、安全和环保整体绩效的不断提高。

附件4：深化建筑施工安全标准化工作研究 课题调查问卷表

深化建筑施工安全标准化工作研究课题调查问卷表

单位名称		单位性质（企业填写）	
资质等级（企业填写）			
地　址		邮　编	
联系人		E-mail		电　话	

当前建筑施工安全标准化工作的主要问题及目前迫切需要解决的问题：（可另附页）

建筑施工安全标准化工作在政策法规及制度建设方面存在的主要问题及对策建议：（可另附页）

建筑施工安全标准化工作在政府监管方面存在的主要问题及对策建议：（可另附页）

建筑施工安全标准化工作在建筑市场方面存在的主要问题及对策建议：（可另附页）

建筑施工安全标准化工作在企业各方主体责任落实方面存在的主要问题及对策建议:（可另附页）
对安全生产教育培训及安全生产科技进步方面的建议和意见：（可另附页）

续表

其他建筑施工安全标准化方面存在的主要问题及对策建议：（可另附页）

备注：

1. 政策法规和制度建设可从法制建设、标准建设、规章制度建设及政府政策支持等方面考虑；

2. 政府监管可从资质管理、安全生产监督管理、标准化工地评比等政府监管方面考虑；

3. 建筑市场方面可从招投标管理、各方建设主体市场行为等方面考虑；

4. 各方责任主体方面可从企业内部管理体系的建立、标准建设、人才建设、队伍管理、信息化建设等方面考虑；

5. 单位性质填写内容为建设、施工、监理；

6. 建设行政主管部门和建设工程安全生产监督机构可不用填写单位性质和资质等级一栏。

附件5：课题参加单位及课题组成员名单

课题承担单位：黑龙江省建设安全监督管理总站
参与研究单位：大庆油田工程建设（集团）有限责任公司
黑龙江省建设工集团
黑龙江东辉建筑工程公司
龙建路桥股份有限分司
锦宸集团哈尔滨分公司

课题组名单

姓名	工作单位	职务／职称	投入课题的全时工作时间（人月）
闫琪	黑龙江省建设安全监督管理总站	站长／教授级高工	12
	大庆油田工程建设（集团）有限责任公司	总工／高工	10
于海峰	黑龙江省建设工集团	总经理／高工	8
王立东	黑龙江东辉建筑工程公司	总经理／高工	8
张厚	龙建路桥股份有限分司	总经理／高工	5
李焕军	锦宸集团	总经理／高工	7

参考文献

[1] Ittner C D. Performance effects of process management techniques[J]. Management Science, 1997, 43(4): 552-534.

[2] 彭成. 世界主要国家职业安全事故统计指标与安全状况比较 [J]. 中国煤炭, 2003, 29(8): 49-51.

[3] Kerr W. Complementary Theories of Safety Psychology[J]. Journal of Social Psychology, 1987, 43(9): 3-9.

[4] 何旭洪, 童节娟, 黄祥瑞. 核电站概率安全分析中人因事件的风险重要性 [J]. 清华大学学报 (自然科学版), 2004, 44(6): 748-750.

[5] 狄建华. 模糊数学理论在建筑安全综合评价中的应用 [J]. 华南理工大学学报 (自然科学版), 2002, 30(7): 87-91.

[6] 施式亮, 王鹏飞, 李润求. 工业安全评价方法与矿井安全评价技术综述 [J]. 湘潭矿业学院学报, 2002, 17(4): 5-8.

[7] 牟善军, 姜春明, 吴重光. SDG 方法与过程安全分析的关系 [J]. 系统仿真学报, 2003, 15(10): 1381-1384.

[8] 狄建华, 甄亮. 危险化学品安全管理评价方法初探 [J]. 辽宁工程技术大学学报, 2003, 22(4): 506-508.

[9] Han Suk Pan, Won Young Yun. Fault tree analysis with fuzzy gates[J]. Computers & Industrial Engineering, 1997, 33(3-4): 569-572.

[10] M.Demichela, N.Piccinini, I.Ciarambino. How to avoid the generation of logic loops in the construction of fault trees[J]. Reliability Engineering and System Safety, 2004 (84): 197－207.

[11] 陆波, 唐国庆. 基于风险的安全评估方法在电力系统中的应用 [J]. 电力系统自动化, 2000, 25(11): 61-65.

[12] 董献洲, 徐培德. 基于 PRA 方法的风险分析系统设计 [J]. 系统仿真学报, 2001, 13(6): 756-758.

[13] R.M. Sinnamon, J.D. Andrews. New approaches to evaluating fault trees[J]. Reliability Engineering and System, 1997, 58(5): 89-96.

[14] 赵挺生, 卢学伟, 方东平. 建筑施工伤害事故诱因调查统计分析 [J]. 施工技术, 2003, 32(12): 54-55.

[15] 陈科荣. 城市建设施工安全重大危险源辨识与防治 [J]. 施工技术, 2004, 33(8): 55-56.

[16] 孙斌, 田水承, 常心坦. 事故风险评价与风险管理模式研究 [J]. 中国矿业, 2003, 12(1): 71-73.

[17] 杨振宏, 郭进平等. 安全预评价系统中灰关联因素的辨识 [J]. 西安建筑科技大学学报 (自然科学版), 2003, 35(1): 78-81.

[18] Hinze, Raboud P. Safety on Large Building Construction Projects[J]. Journal of Construction Engineering and Management, 1988, 114(2): 286-293.

[19] Hinze, Pannullo J. Safety: Function of Job Control[J]. Journal of Construction Division, 1978, 104(2): 241-249.

[20] Samelson N M, Levitt R E. Owner's Guidelines for Selecting Safe Construction[J]. Journal of Construction Division, 1982, 108(4): 617-623.

[21] 台双良, 张守健. 建筑施工企业安全模糊综合评价 [J]. 哈尔滨工业大学学报, 2003, 35(11): 1357-1360.

[22] Heikki Laitinen, Ismo Ruohomaki. The effects of feedback and goal setting on safety performance at two construction sites[J]. Safety Science, 1996, 124(1): 61-73.

[23] 方东平, 蓝荣香, 吴升厚, 化彬. 施工现场工作环境安全评价 [J]. 环境与安全学报, 2002, 2(2): 43-46.

[24] Hinze, J, Bren, D.C, Piepho, N. Experience modification rating as measure of safety performance[J]. Journal of Construction Engineering and Management, 1995, 121(4): 455-458.

[25] 卢岚, 杨静, 秦嵩. 建筑施工现场安全综合评价研究 [J]. 土木工程学报, 2003, 36(9): 46-51.

[26] 苏义坤, 田金信. 基于耦合故障树分析的施工安全风险评价研究 [J]. 预测, 2006, 25(3): 66-70.

[27] 丁传波, 关柯, 李恩辕. 施工企业安全评价研究 [J]. 施工技术, 2004, 35(3): 214-215; 2004, 35(4): 302-306.

[28] 高进东, 冯长根, 吴宗之. 危险辨识方法的研究 [J]. 中国安全科学学报, 2001, 11(4): 57-60.

[29] 张鑫, 毛保华. 基于安全流变理论的交通系统事故过程分析 [J]. 中国安全科学学报, 2004, 14 (1): 18-22.

[30] 曾声奎, 赵廷弟, 张建国等. 系统可靠性设计分析教程 [M]. 北京: 北京航空航天大学出版社, 2001.

[31] 姜芳禄. 建筑安全管理的 PDCA 循环 [J]. 安全与环境工程, 2004, 11(1): 77-79.